新版 Knowledge of Japanese tea

日本茶の図鑑

監修：公益社団法人日本茶業中央会
法人日本茶インストラクター協会

Knowledge of Japanese tea

新版 日本茶の図鑑

CONTENTS

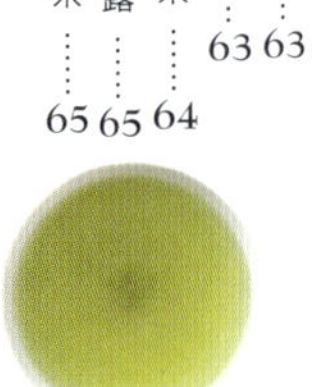

PART 3
実際に淹れてみよう！ 日本茶の楽しみ方

TEA BREAK

PART 4
よりお茶を楽しむために 日本茶を学ぶ

カタログの見方

水色の写真

最適な温度と時間を目安に淹れたもの。抹茶は、濃茶用も薄茶用もすべて薄茶で点てている。

お茶の写真

直径10.5cmの皿に入れて撮影。

都道府県名

産地銘柄

「宇治茶」や「狭山茶」のような、茶産地の名称。日本茶は同じ県内でも栽培される地域によって環境や品質が異なるので、茶産地ごとに分類されることが多い。

茶種

日本茶にはさまざまな種類がある。本書では以下のように分けて表示した。

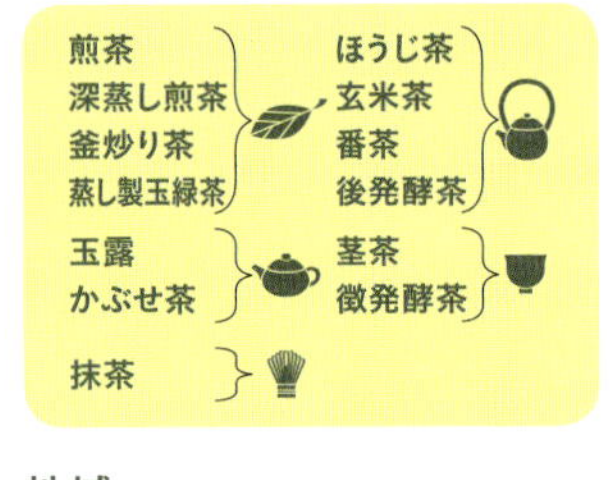

地域

商品名

最適な温度と時間

紹介している商品を淹れるときの、メーカーおすすめのお湯の温度と浸出時間の目安。

品種

茶の木にはさまざまな品種がある（P.22参照）。日本茶は、複数の品種をブレンドしてつくることも多い。数が多い場合は、主要となるものを明記した。

価格

商品の価格は、すべて税抜で表示している。なお、価格およびパッケージは2017年7月現在のもの。

問い合わせ先

電話番号またはファックス番号。2017年7月現在。

お茶の特徴を5段階で表現

水色

「すいしょく」と読む。日本茶を淹れたときの、浸出液の色のこと。「緑⇔黄」で表現したが、ほうじ茶や地方の番茶については、「茶⇔黄」とした。

香り

日本茶は「火入れ」という作業を行うが、そのときにつく独特の香ばしい香りを「焙煎香」、新鮮で若葉のような香りを「若葉香」とした。なお、釜炒り茶の「釜香」など、茶種特有の香りについては反映していない。

味

日本茶にはさまざまな味の要素が含まれるが、そのなかから主な要素として、うま味と渋味で表現した。

※本書で紹介している茶の産地は、『平成25年版　茶関係資料』（公益社団法人日本茶業中央会）の「全国の茶産地と茶の呼称」を参考に選んだ。産地銘柄は、「全国の茶産地と茶の呼称」などを参考に、一般的と思われる名称を採用した。
※掲載した商品等は編集部がセレクトした。

「茶葉」について

最近は「ちゃば」と呼ばれることも多いが、本来は、「ちゃよう」と読む。お茶の葉のことは、製茶前の茶園で摘んだ葉を「生葉（なまは）」と呼ぶなど使い分けられているが、本書では、製茶前・後に関わらず「お茶」「茶」「お茶の葉」などと表記した。

新版 日本茶の図鑑
Knowledge of Japanese tea

Part.1

ゼロから学ぶ

日本茶の基礎

身近な日本茶を掘り下げると
実はとても繊細で奥深い世界。
日本茶を知る第一歩として
最初におさえておきたい
基本情報をご紹介。

日本茶の定義と種類

日本茶ってどんなお茶？

「日本茶」とは、どういったお茶のことを指すのだろうか。製法や原料となる「チャ」の木などからひもといてみよう。

摘んですぐに加熱したものが緑茶となる

日本茶とは、その名の通り日本で生産されているお茶のこと。そのため、国産の紅茶なども広義には日本茶に属するが、一般的には緑茶のことを指すことが多い。

では、緑茶とはなにか。緑茶の特徴は、色もさることながら、生葉をすぐに加熱するその製法。葉は摘み取った直後から発酵が進んでいく。緑茶の場合はすぐに加熱して発酵を止めるので、「不発酵茶」と呼ばれる。ちなみに茶の「発酵」とは、酵素が働いて成分が変化すること。味噌などのように微生物による発酵とは異なる。

不発酵茶のほかには、発酵茶や半発酵茶と呼ばれるお茶がある。発酵を最大限に進めたものが発酵茶で、いわゆる紅茶のこと。ある程度発酵を止めたものが半発酵茶で、ウーロン茶のことである。これとは別に後発酵（こうはっこう）茶というものがあるが、これは緑茶などを微生物などで発酵させるもの。

緑茶も紅茶もウーロン茶も、原料はすべて同じ「チャ」という植物からつくられる。チャは、ツバキ科ツバキ属の常緑樹で、中国種とアッサム種に分かれる。葉が小さく、比較的寒さに強い中国種は緑茶向き。葉が大きく寒さに弱いアッサム種は、主に紅茶に使われる。日本で栽培されているのは、中国種がほとんどだ。

茶の木の種類はふたつある

	特徴	葉の形	主な栽培国
緑茶向き！ 中国種	枝分かれが多く、幹がはっきりしない。木の高さは2～3mほど	葉は小さく、先端は丸みを帯びている。色は濃い緑色	中国、台湾、日本、インド（高地）、スリランカ（高地）など
紅茶向き！ アッサム種	枝分かれが少なく、直立に成長し10m以上になるものもある	葉が大きく、先端が尖っている。色は淡い緑色	インド（低地）、スリランカ（低地）など

製法による日本茶の分類

同じ茶の木から、さまざまな種類のお茶ができる。
製法別に紹介していこう。

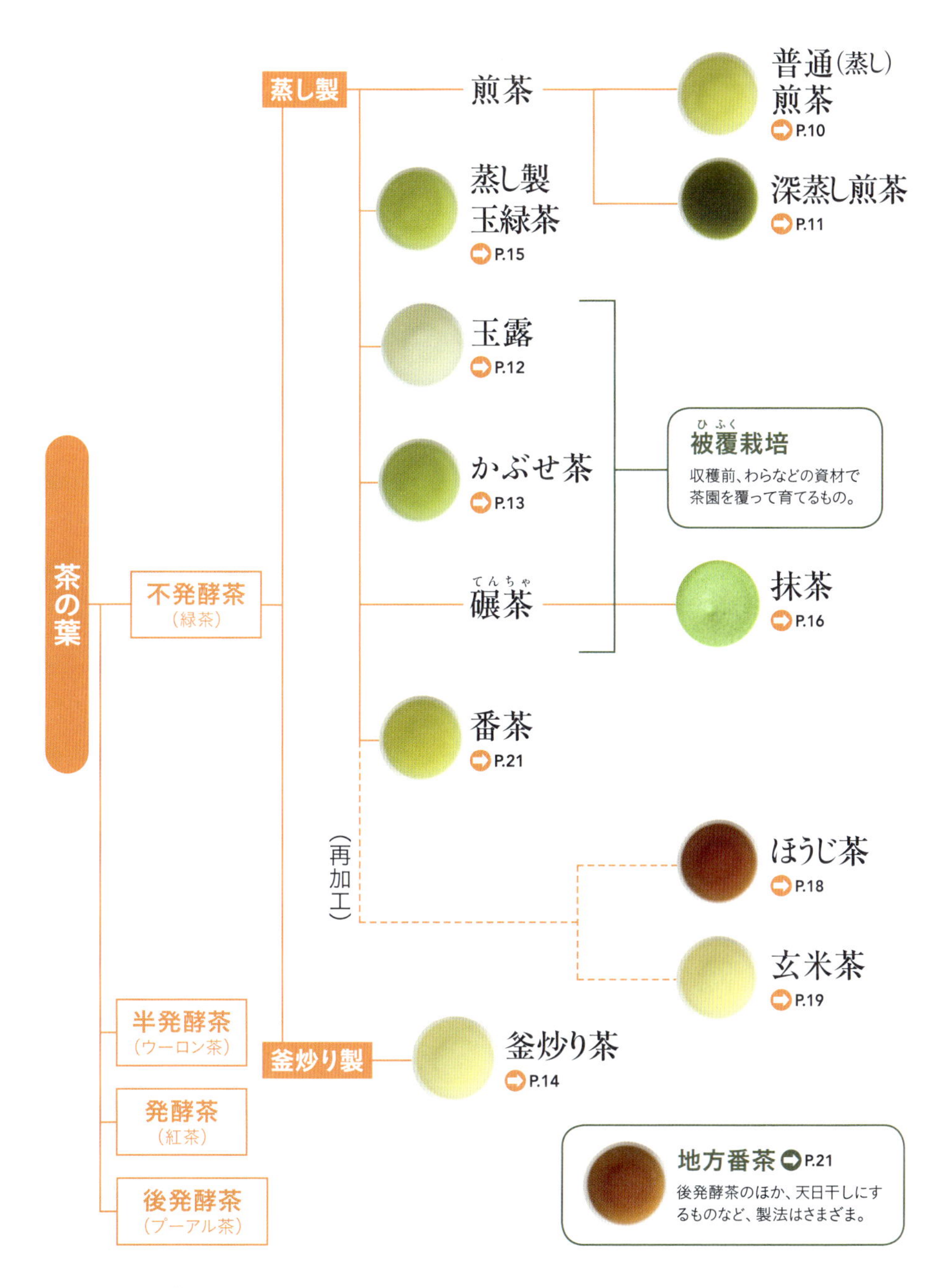

店に並ぶお茶は荒茶を仕上げ加工したもの

緑茶の製造工程では、まず最初に荒茶がつくられる。荒茶とは、生葉を茶農家などが加工したもの。

摘んだ葉は、放っておくと発酵が進んでしまうため、まずは荒茶に加工される。荒茶段階では水分含有量が5％ほどと多いので傷みやすく、形も不ぞろい。荒茶を仕入れた茶商などが仕上げ加工をほどこすことで、店頭に並ぶ商品となる。

荒茶を仕上げるため、葉をふるいにかけ大きさをそろえる工程があるが、このときに選別し主体となるものが本茶（ほんちゃ）で、これから煎茶などがつくられる。また、芽先だけを選別したものを芽茶という。

本茶、芽茶以外のものは出物（でもの）と呼ばれ、茎茶や粉茶がこれにあたる。出物は茎茶のように部位ごとに製茶するものや、切断して本茶に混ぜられるものなど、用途はさまざまだ。

荒茶から見るお茶の種類

日本茶の製造工程で、まずつくられるのが「荒茶」。荒茶は「本茶」と「出物」に分けられ、出物から茎茶などがつくられる。

お茶の材料になる

荒茶（あらちゃ） ➡P.164

茶園で摘んだ生葉を、第一次加工として製茶したもの。製法は異なるが、どんな茶種でもまずは荒茶づくりからはじまる。

ふるい分け・切断・選別など ➡P.166

さまざまな仕上げの工程で、葉の大きさ別に分けていく。

本茶（ほんちゃ）

荒茶をふるいにかけ、細かい粉や茎を落としたもの。このあとブレンドなどを行い、仕上げていく。

芽茶 ➡P.17

芽先の部分を選別したもの。

荒茶を仕上げて残った部分

出物（でもの）

荒茶からふるい落とされた部分。さまざまな商品になる。

茎茶 ➡P.17

茎や、葉と茎の接続部など。茎茶のほか、茎ほうじ茶として活用されることも多い。

粉茶 ➡P.20

仕上げ工程で、欠けたりした細かい葉。

泥粉

粉茶よりもさらに細かい部分。細粉ともいう。ティーバッグなどに使われる。

仕上げ加工をほどこす前の荒茶。

茶種別 味と香りの傾向

茶種によって香りや味は異なる。
その特徴をチャートで見てみよう。

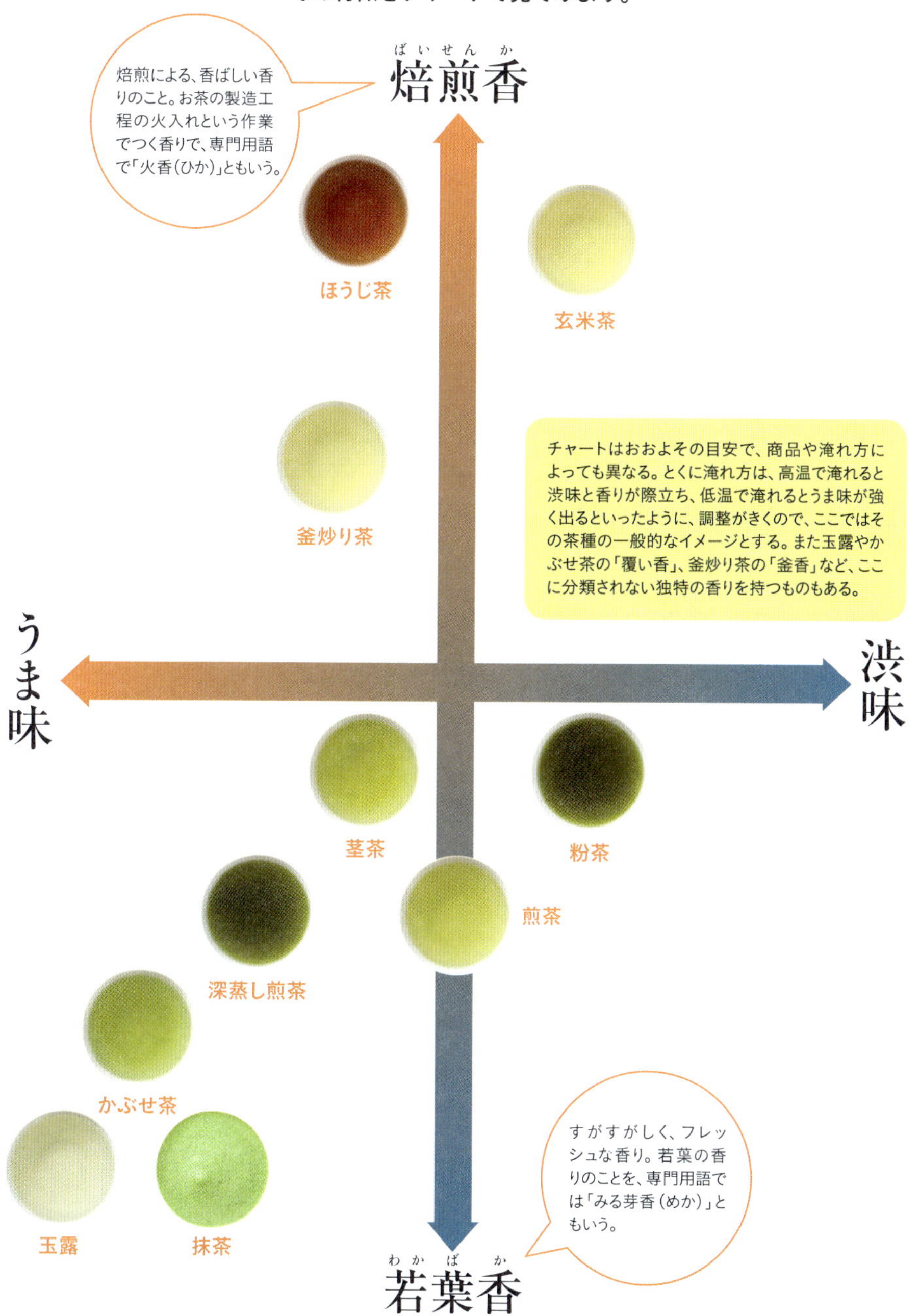

ピンと針状のつややかな緑色

煎茶

—せんちゃ—

日本人にもっともなじみ深いお茶

水色は爽やかな黄色～黄緑色で、透明感のあるものが一般的。

お茶の特徴

- **水色**　黄色から黄緑色で透き通っている
- **香り**　フレッシュで清涼感のある香り
- **味**　渋味や甘味のバランスがよい

お茶といえば、煎茶のことを思い浮べるほど、日本人にはもっともなじみ深いお茶。静岡県や鹿児島県をはじめ、全国の茶産地で生産されている。深蒸し煎茶と区別して、「普通（蒸し）煎茶」ともいう。

深蒸し煎茶との違いは生葉の蒸し時間。蒸し時間を30～40秒にしたものを普通（蒸し）煎茶と呼ぶ。

葉の色は深い緑色。上質なものほど色鮮やかでつやがあり、葉がピンと針のようになっている。爽やかな香りと、甘味、渋味、苦味、うま味のバランスがとれた味わい。

色鮮やかな水色とまろやかな味が特徴

深蒸し煎茶

―ふかむしせんちゃ―

普通（蒸し）煎茶に比べ、生葉の蒸し時間を2〜3倍長くしてつくったものは、深蒸し煎茶と呼ばれる。

蒸し時間が長いので、渋味や苦味が抑えられ、まろやかな味わいになる。また、製造中に砕けやすく、普通（蒸し）煎茶に比べると、粉や細かい葉が多くなる。

静岡県や鹿児島県、三重県のほか、全国的に生産されており、煎茶の生産量の約7割が深蒸し煎茶と推定されている。

ちなみに、さらに長く蒸してつくられたものを、「特蒸し茶」と呼ぶこともある。

濃く鮮やかな緑色の水色になる。細かい葉や粉が多いので、普通（蒸し）煎茶よりもやや濁る。

お茶の特徴

- **水色**　深緑色で、濃度が濃い
- **香り**　深みのある香り
- **味**　渋味が少なくまろやか

少量を楽しむ最上ランクの日本茶

玉露

―ぎょくろ―

強いうま味と甘味を持つ玉露は、日本茶のなかでも最上ランクのお茶。飲み方もほかのお茶のように、のどを潤すために飲むのではなく、ほんの少量を喫する。しばらく舌の上に置いておくと、海苔を思わせるような独特の香りとうま味が広がる。

この香りは「覆い香（おおいか）」と呼ばれ、被覆（ひふく）栽培という栽培法から生まれるもの。茶摘みの前の20日前後、わらやよしずなどで茶園を覆う栽培方法で、日光により、うま味成分が渋味成分に変化することをおさえている。

京都府の宇治や福岡県の八女などの産地が有名。

薄い黄色の水色。良質なものほど透明感が高いが、産地によって特徴は異なる。

お茶の特徴

- **水色**　淡く澄んだ黄色
- **香り**　覆い香という海苔に似た香り
- **味**　うま味が濃厚で渋味が少ない

かぶせ茶

煎茶の渋味と玉露のうま味をあわせ持つ

―かぶせちゃ―

産地などによって違いはあるが、水色は透明感のある黄緑色。煎茶よりも、やや青みがかった色。

お茶の特徴

- 水色　青みがかった黄緑色
- 香り　覆い香のなかに清涼感も
- 味　まろやかなうま味と渋味を持つ

茶摘み前に茶樹を覆って育てるかぶせ茶。「冠茶」とも書く。玉露が約20日前後被覆するのに対して、かぶせ茶は1週間ほど。そのためかぶせ茶は、煎茶の爽やかな香りと渋味を残しつつも、玉露のうま味をあわせ持っている。

ぬるめのお湯でじっくり時間をかけて淹れれば、玉露のように上品でまろやかなうま味が。やや熱めのお湯で淹れて渋味を出せば、煎茶のように爽やかな味が楽しめる、一石二鳥のお茶だ。

代表的な産地は三重県で出荷量1位。

釜炒り茶の水色は、淡い黄色の水色。透き通った明るい色だ。

釜炒り茶

香ばしい独特の「釜香」が魅力

—かまいりちゃ—

お茶の特徴

- **水色**　澄みきった淡い黄色
- **香り**　独特の釜香が強く香る
- **味**　あっさりとくせの少ない味

生葉を蒸す代わりに、釜で炒ることで発酵を止める釜炒り茶。この製法は、16世紀頃に中国から伝わったといわれている。煎茶には最後に精揉という形を整える工程があるが、釜炒り茶にはこれがないので葉がまっすぐにならず、勾玉状にカールしている。「釜炒り製玉緑茶」とも呼ぶ。

釜炒り茶の特徴は、なんといっても高い香り。炒ることで青臭さが消え、香ばしい「釜香」があり、さっぱりと飲みやすい。

主な生産地は九州地方で、佐賀県の嬉野などが有名。

グリッとした勾玉（まがたま）状のお茶

蒸し製玉緑茶

―むしせいたまりょくちゃ―

勾玉のような形が特徴の蒸し製玉緑茶。グリッとした形から「グリ茶」とも呼ばれている。

蒸し製玉緑茶の誕生は、大正時代末期。当時、中国産の釜炒り茶が主流だったロシアへと輸出するために、煎茶の機械で、釜炒り茶に似せてつくられたのがはじまり。

葉が丸みのある形をしているのは、釜炒り茶と同様、精揉という工程を行わないため。それにより味わいも渋味がおさえられ、まろやかなのが特徴。

現在は、主に九州地方と静岡県の一部で生産されている。

蒸し製玉緑茶の水色は、釜炒り茶よりもやや緑色が強く出るため、黄緑色に。

お茶の特徴

- **水色**　透明感のある黄緑色
- **香り**　ほのかに爽やかな香り
- **味**　渋味が少ないまろやかな味

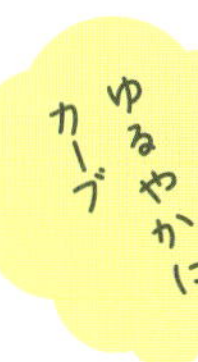

茶筅で点てて飲む

抹茶
—まっちゃ—

抹茶は、「碾茶（てんちゃ）」というお茶からつくられている。

碾茶は、玉露と同じく茶園に覆いをかけて育てる被覆栽培。手で摘まれ、蒸したあと揉まずに乾燥させて細かい茎や葉脈を取り除く。そうしてできた碾茶を茶臼で細かく挽いたものが抹茶。

茶筅で点てて飲む抹茶は、浸出させて飲むお茶と異なり、お茶の栄養素を丸ごと摂取できる。その味わいは、渋味のなかに上品なうま味が広がる。最近はお菓子の材料にも多く使われる。

京都府の宇治、愛知県の西尾、福岡県の八女が有名な産地。

茶筅で泡立てることでクリーミーに。水色は鮮やかな黄緑色。

お茶の特徴

- **水色**　明るい黄緑色に泡立つ
- **香り**　新鮮な葉の若々しい香り
- **味**　濃厚で、渋味のなかにうま味を感じる

茎茶 ―くきちゃ―

茎の部分を集めたすっきりしたお茶

日本茶の製造工程で、荒茶（8ページ参照）を仕上げる段階で、細かい茎や粉などがふるい分けられる。分けられた部分を「出物」というが、そのなかから茎を集めてつくったものが、茎茶。地域によっては「白折（しらおれ）」とも呼ぶ。

玉露の茎茶は「雁が音（かりがね）」と呼ばれるが、最近では良質な茎茶の別称として使われることも多い。石川県の金沢では、茎茶を焙じた「棒茶」が有名。

すがすがしい香りと、ほのかな甘味が特徴。

緑色の葉も混じる

茎茶の水色は、透き通った黄緑色。色合いは淡い。

お茶の特徴

- **水色**　淡く優しい黄緑色
- **香り**　フレッシュで清涼感がある
- **味**　すっきりとしたなかに甘味を感じる

芽茶 ―めちゃ―

短時間で淹れられる

茎茶同様、荒茶の仕上げ工程でふるい分けられる芽先の部分を集めたもの。芽茶といっても、新芽を摘んでつくったのではなく、葉に成長しきれていない、細かい芽が多く含まれているという意味。丸みのある粒状で小さいため、高温でさっと淹れられる。成長途中の部分のため、うま味が凝縮されており、色と香りも濃厚。

煎茶などは2～3煎で浸出しきってしまうが、芽茶は葉が開ききるまでは何煎も飲むことができる。

コロコロと丸まっている

水色は濃い緑色。葉が小さく、細かい葉が沈殿するので、少し濁る。

お茶の特徴

- **水色**　濃い緑色
- **香り**　はっきりとした強い香り
- **味**　濃厚でほどよい渋味

緑茶と異なり、水色は明るい茶色。焙煎が強いものは、色濃く出る。

ほうじ茶

——ほうじちゃ——

焙煎の香りが香ばしい低刺激のお茶

お茶の特徴

- **水色**　明るく透明感のある茶色
- **香り**　焙煎の香ばしい香り
- **味**　すっきりと軽い味わい

その名の通り、お茶の葉を褐色になるまで焙じてつくるほうじ茶。なんといっても焙煎した香ばしい香りが魅力。

番茶や下級煎茶などでつくられたものは刺激が少なく、胃にやさしい。そのため子どもやお年寄りにもおすすめ。

さっぱりとした口当たりで、食事中のお茶としてもよく選ばれる。

焙烙（ほうろく）というほうじ茶をつくる専用の茶器もありますが、家庭でも、フライパンやホットプレート、オーブントースターなどを使って手軽につくることができる。

お茶に炒り米をブレンド

玄米茶

—げんまいちゃ—

お茶と炒り米を1対1の目安でブレンドしたものが玄米茶。炒った米の持つ香ばしい香りが魅力。お茶と米との割合によって、味わいが変化する。

番茶との組み合わせが主流だが、煎茶や深蒸し煎茶をベースにしたもの、抹茶入りのものなど、バリエーションは豊富。

玄米茶と呼ばれるが、玄米のほかにも、白米やもち米を炒ったものが使われることも多い。

ちなみに、ポップコーンのような白いものは、はぜさせた米。飾りなので味わいや香りに影響はない。

玄米茶の水色は、淡い黄緑色だが、使っているお茶により異なる。

お茶の特徴

- **水色**　淡い黄緑色が一般的
- **香り**　炒り米の香ばしさが際立つ
- **味**　さっぱりとして飲みやすい

寿司屋のお茶としておなじみ

粉茶 ――こなちゃ――

粉茶は、寿司屋のあがりとして出されることが多いお茶。濃厚できりっとした苦味が際だつ味わいで、口の中をさっぱりさせるのに最適。魚介類の持つ生臭さを消し、緑茶カテキンの抗菌作用も期待できる。

茎茶と同じ出物で、煎茶や玉露などの荒茶からふるい分けられたもの。その名の通り葉が細かいので、淹れ方はスピーディで簡単。茶こしにお茶を直接入れ、そのまま熱湯を注ぐだけでよく浸出するので、急須を使わずに淹れられる。

ティーバッグにも利用されている。

葉が細かいので色が出やすく、水色は濃い緑色。お茶の粒子が沈殿するため、濃く濁る。

お茶の特徴

- **水色**　濃い深緑色で濁る
- **香り**　短時間で淹れても香りが強い
- **味**　渋味と苦味が強い

粉末茶と粉茶の違い

粉末茶とは、煎茶などを丸ごと粉砕したものでお湯に溶かして飲む。粉茶とちがって茶殻が出ない。

地方番茶

一般的な番茶

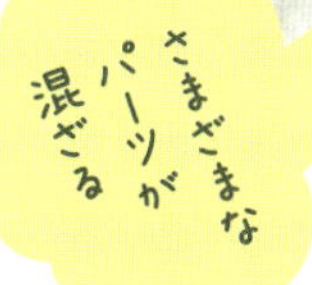

お茶の特徴（一般的な番茶の場合）

- **水色**　透き通った黄緑色
- **香り**　さっぱりしてくせがない
- **味**　うま味少なめであっさり

一般的な番茶の水色は黄緑色だが、地方番茶は茶褐色になるものが多い。ただし、色の濃度や風味は、それぞれの地方番茶によって異なる。

番茶

—ばんちゃ—

番茶の定義はさまざま

番茶の名称の由来は、一番茶と二番茶の間に摘まれた「番外の茶」から転じた説や、三番茶や四番茶など遅く摘むという意味の「晩茶」から変化した説など、さまざまある。

煎茶の仕上げ工程で選別された大きな葉を使うこともあり、関西では柳の葉に似ていることから「青柳（あおやなぎ）」「川柳（かわやなぎ）」などとも呼ばれる。

また、京番茶や美作番茶など、その地方独特の製法でつくられた「地方番茶」もある。

ほうじ茶は、番茶などを原料に焙煎した茶だが、北海道などでは、ほうじ茶のことを番茶と表現する地域もある。

茶の品種は「やぶきた」だけじゃない

日本茶の品種を学ぼう

よく聞く「やぶきた」というのは、茶の品種名。実は、茶の木にもさまざまな品種がある。代表的なものを紹介しよう。

茶種や気候で適した品種は変わる

現在、農林水産省登録の茶の品種は50あまり。また、種苗法という法律による登録品種もある。品種登録外で、昔から栽培されていた在来種もわずかに残る。

品種は、大きく分けて煎茶用、玉露・抹茶用、釜炒り茶用、紅茶用に分類される。また、茶の木は霜の被害を受けやすいので、冷涼な地では遅く育つ晩生品種を選ぶなど、気候や立地なども考慮して品種が選ばれる。ただし、茶の木の経済的寿命は30～50年あること、茶の幼木を植えて十分な収穫量が得られるまでには何年もかかることから、簡単に違う品種に植えかえるのは難しい。

「やぶきた」ってどんなお茶？

やぶきたが普及したのは1960年代。栽培しやすく安定した収穫量がのぞめ、なにより霜に強いことで広まった。現在国内の全茶園面積のうち約75％と、圧倒的な栽培面積を誇る。

静岡市にあるやぶきた原樹。

全国品種別茶園の面積

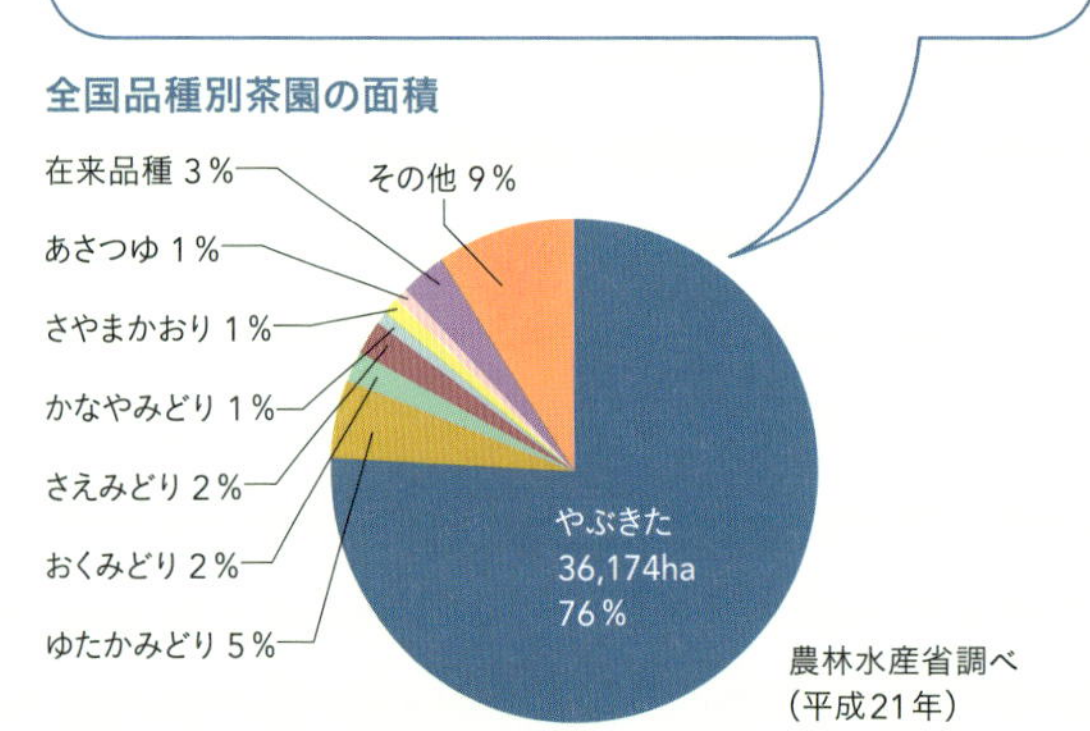

農林水産省調べ
(平成21年)

品種の早晩性はやぶきたが基準

品種には、早生品種・中生品種・晩生品種がある。早生品種とは一番茶の茶摘み時期が早いもので、晩生品種とは遅いもの。中生品種は早生品種・晩生品種の中間で、主にやぶきたが基準とされる。早生品種はやぶきたより4～10日ほど茶摘み時期が早く、ゆたかみどりやさえみどりなどがある。晩生品種はやぶきたより4～10日ほど遅く、おくひかりやおくみどりなどがある。

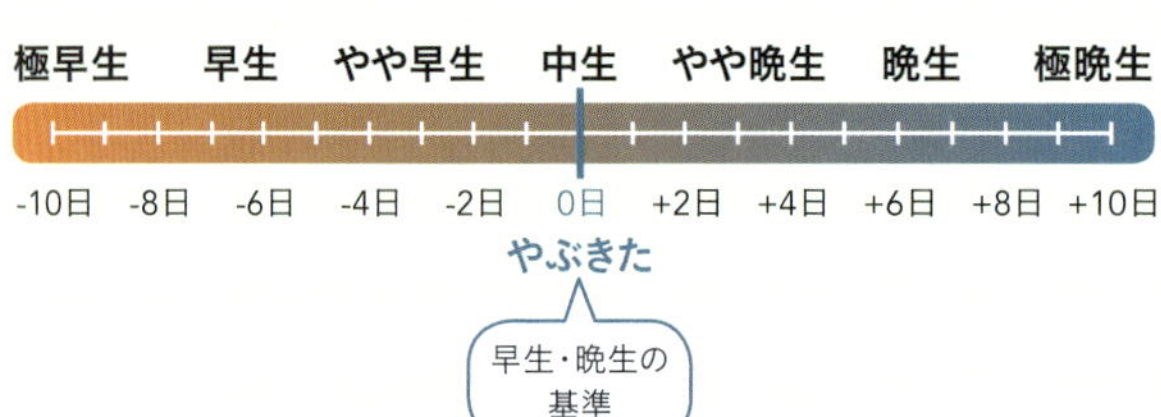

主な茶の品種

日本各地で栽培されている、さまざまな茶の品種。
ここでは日本で栽培されている品種のなかから、代表的なものを紹介。

かなやみどり

S6とやぶきたの交配種。煎茶用の品種。水色が濃く出やすい。甘い独特の香りを持つ。

主な生産地 鹿児島県、静岡県　**早晩性** 早生

さえみどり

やぶきたとあさつゆの交配種。煎茶用の品種。色は明るい緑色で、フレッシュな香りが強く出る。

主な生産地 鹿児島県　**早晩性** 早生

ゆたかみどり

あさつゆから品種改良された。寒さに弱いので九州地方で多く栽培。被覆して強く蒸すことで、濃厚なうま味がひき立つ。

主な生産地 鹿児島県
早晩性 早生

あさつゆ

宇治の在来種から誕生。碾茶や玉露、かぶせ茶など、被覆栽培に向く。うま味が強く、天然玉露とも呼ばれる。

主な生産地 鹿児島県
早晩性 やや早生

つゆひかり

静岡県の品種・静7132とあさつゆを交配したもの。鮮やかな緑色をしており、深蒸し煎茶に向いている。

主な生産地 静岡県
早晩性 やや早生

さやまかおり

やぶきたの自然交配種として、埼玉県で誕生。寒さに強く、煎茶にしたときの香りが強いという特徴を持つ。

主な生産地 埼玉県、静岡県
早晩性 中生

さみどり

宇治の在来種から誕生。碾茶や玉露などの被覆栽培のお茶に適しており、冴えた緑色。煎茶用としても使われる。

主な生産地 京都府
早晩性 中生

べにふうき

べにほまれと枕Cd86の交配種。紅茶用品種だが、抗アレルギー作用のあるメチル化カテキンを残すには緑茶にする。

主な生産地 鹿児島県
早晩性 中生

おくひかり

やぶきたと中国種静Cy225を交配したもの。香りが高く、鮮やかな水色。やや渋味が出るが、耐寒性が強く山間地に適している。

主な生産地 静岡県
早晩性 晩生

おくみどり

やぶきたと静岡県の在来種を交配して生まれた。くせが少ないので、ブレンドしやすい。煎茶用・玉露用など。

主な生産地 鹿児島県、京都府
早晩性 晩生

収穫する時期によるお茶の分類

一番茶、二番茶って？

日本では、お茶は八十八夜の頃に摘まれる一番茶からはじまり、およそ1カ月ごとに収穫できる。どの時期のお茶が高品質なのだろうか。

一番茶

その年の春にはじめて生産されたお茶のこと。「新茶」とは一般的に一番茶を指す。渋味が少なく、うま味が強いため、良品質のお茶とされる。一番茶は年間生産量の40〜50％を占める。

二・三番茶

その年の二回目と三回目に摘み取ったお茶のこと。二番茶は一番茶から約50日後に、三番茶は二番茶の摘採から約30〜40日後に摘み取る。一般には収穫の時期順に品質が下がっていく。

八十八夜（はちじゅうはちや）

立春から数えて、88日目のこと。現在の暦では、5月2日（うるう年は1日）。この時期に摘んだお茶は、味と香りのバランスがよく、品質のよいお茶とされる。栄養価が高く、不老長寿の縁起物としても飲まれる。

秋番茶

秋になると、茶園では来年の茶摘みの準備として、枝葉を刈りそろえる「整枝」を行う。このときの葉でつくったものは、秋番茶と呼ばれる。春に整枝を行う山間地などでは、春番茶もつくられる。

茶摘みの準備は前年からはじまる

茶芽は、摘み取ってもまた生えてくる。そのため、茶摘みは春から夏にかけて複数回行い、摘み取る順番で区分する。その年の春にはじめて摘まれたものが一番茶。これはもっとも品質がよいとされ、以降、二番茶、三番茶と品質が下がっていく。地域によっては四番茶まで収穫するところもある。

茶摘みの準備は、前年の秋からスタートする。秋になると整枝（せいし）を行うが、これは翌年の新茶に古い葉が混ざらないように、余分な枝や葉を刈り取ること。このとき刈り取られた葉でつくったお茶は、秋番茶と呼ぶ。整枝で形を整えた茶樹は、冬になると休眠に入る。茶は寒さに弱いため、木の根元に寒さ対策のわらや枯草を敷いておく。

休眠を経て、春になると新芽が芽吹きはじめる。そうしてまた、茶摘みのシーズンが到来するのだ。地域差はあるが、一番茶は3月下旬から5月下旬。二番茶は5月下旬から7月中旬。三番茶は7月中旬から8月中旬、四番茶は9月上旬から。

産地別 新茶の時期

新茶の茶摘みの時期は、地域によって異なる。代表的な産地の新茶の時期を紹介していこう。

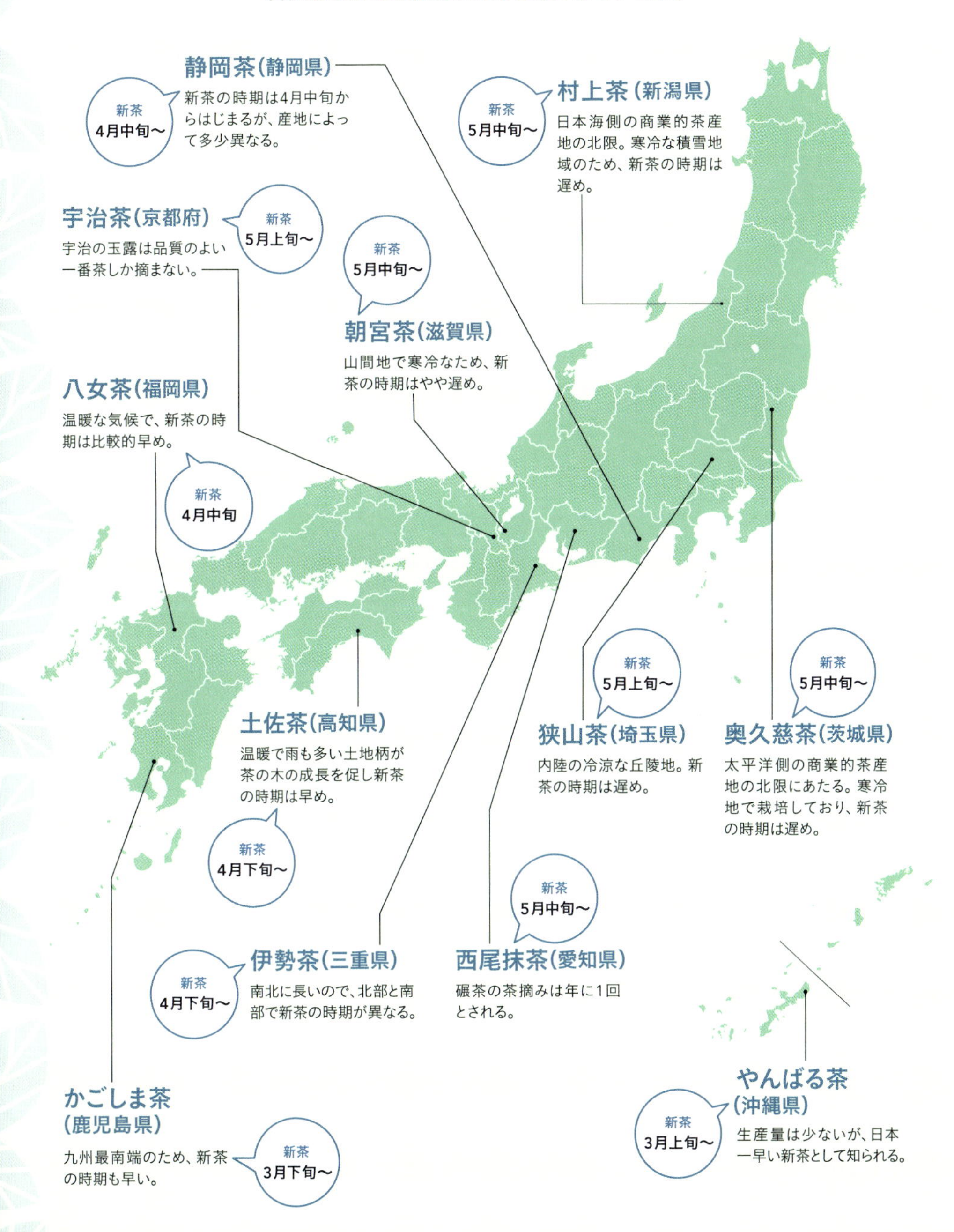

一芯二葉が最高品質

摘む部分によって品質は変わる

お茶は摘む時期のほかに、摘む部分によっても品質が変わる。いつ頃、どの部分を摘んだ茶がよいお茶なのだろう。

一芯二葉

先端の芯の部分から2枚目の葉までを摘むこと。最上級の玉露や、上級煎茶などは、この部分を使ってつくられる。「二葉摘み」ともいう。

一芯三葉

芯芽から3枚目の葉までを摘むこと。「三葉摘み」とも。上質なお茶だが、一芯二葉摘みのお茶よりは収穫量が多く、やや品質は下がる。

一芯四葉～五葉

芯芽の先端から、4～5枚目までの葉を摘む。「普通摘み」とも呼ばれる。普通の品質の日本茶は、この部分を使ってつくられている。

茶摘みの時期と摘む部分で品質が変わる

茶の新芽は、芽のもとになる部分が5～6個巻き込まれており、一番最後の葉が完全に開いたときを「出開いた」という。この割合を「出開き度」というが、茶摘みの適期は出開き度50～80%。早摘みは30～50%がよい。90%を超えると、品質が低下してしまう。

出開いた葉を摘む部分によっても、品質は変わる。先端の芽から葉の数で、一芯二葉、一芯三葉…と数えていくが、一芯二葉～三葉で摘むのが最適といわれている。摘み取る時期によって含まれる成分が異なるので、生産者は摘み取る時期とどこまで摘むのかを見極めている。

摘む時期によるお茶の成分の変化

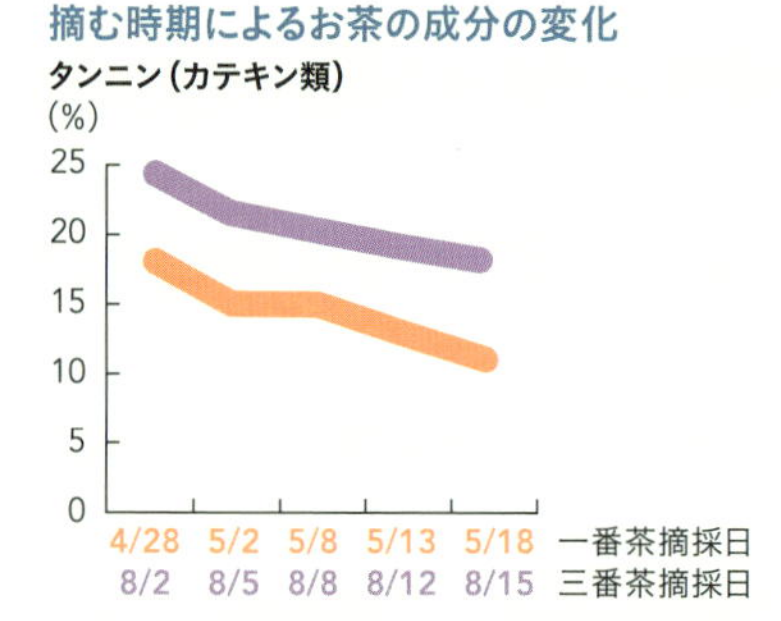

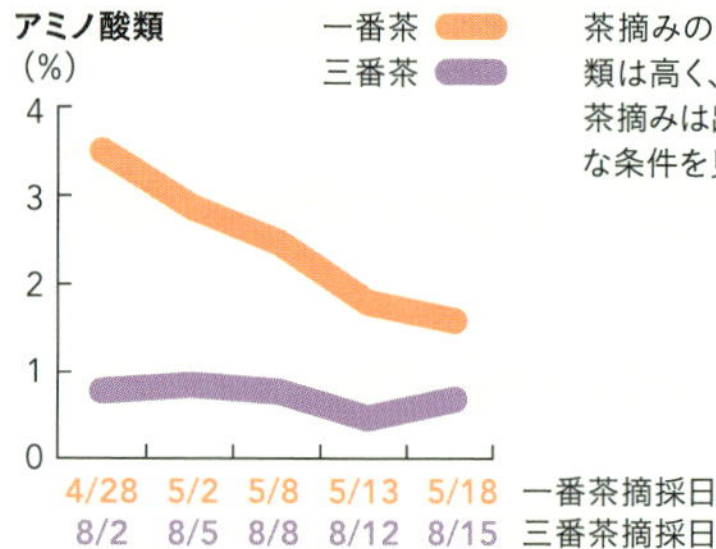

茶摘みの時期が早いとアミノ酸類は高く、カテキン類は少ない。茶摘みは出開き度など、さまざまな条件を見極めて行われる。

新版 日本茶の図鑑
Knowledge of Japanese tea

Part.2

お気に入りが見つかる

地域別 日本茶図鑑

日本茶の産地は
静岡や京都だけではない。
日本各地で多種多様な
お茶がつくられている。
代表的な産地をピックアップ！

全国日本茶MAP

日本全国に日本茶の産地はたくさんあり、つくられているお茶にもさまざまな特色がある。有名な産地を中心にピックアップした。

中部地方 P.40

(静岡県を除く)

日本海側から山間の内陸部、そして太平洋側まで生産地が点在。各地の風土や文化に根付いた多彩なお茶がつくられている。

主な茶種 煎茶、深蒸し煎茶、かぶせ茶

一番茶の時期 4月下旬～5月中旬

- 村上茶
- 長野・天龍茶
- 加賀棒茶
- 揖斐茶
- 新城茶
- 水沢茶
- 南部茶
- バタバタ茶
- 白川茶
- 西尾抹茶
- 伊勢茶
- 度会茶

関東地方 P.30

お茶の一大消費地・東京を抱える関東地方。お茶の生産地としては冷涼なため生産量は多くないが、全国に知られた銘柄も多い。

主な茶種 煎茶、深蒸し煎茶

一番茶の時期 5月上旬～5月下旬

- 黒羽茶
- 奥久慈茶
- 狭山茶
- 足柄茶
- 猿島茶
- 秩父茶
- 東京狭山茶

静岡 P.56

県内各所に茶畑が広がる日本随一の茶どころ。地形が変化に富んでおり、地域ごとに特色のあるお茶が生産されている。

主な茶種 煎茶、深蒸し煎茶、玉露

一番茶の時期 4月中旬～5月上旬

- 静岡茶
- 掛川茶
- 本山茶
- 朝比奈玉露
- 川根茶
- 天竜茶
- 清水のお茶
- 遠州森の茶

九州・沖縄地方

P.96

恵まれた気象条件のもと、さまざまな品種が栽培されており、生産量は多い。九州ならではの伝統製法も健在。

主な茶種 煎茶、釜炒り茶、蒸し製玉緑茶

一番茶の時期 3月上旬〜5月上旬

- 八女茶
- 嬉野茶
- 世知原茶
- くまもと茶
- 岳間茶
- 因尾茶
- 五ヶ瀬釜炒茶
- 知覧茶
- やんばる茶
- 星野茶
- 彼杵茶
- 五島茶
- 矢部茶
- 耶馬溪茶
- 都城茶
- かごしま茶
- えい茶

近畿地方

P.66

日本のお茶文化は、京都を中心とするこのエリアから発展。歴史に支えられた銘茶や、地域の伝統を受けつぐ小さな産地も多い。

主な茶種 煎茶、抹茶、かぶせ茶

一番茶の時期 4月下旬〜5月中旬

- 宇治茶
- 朝宮茶
- 月ヶ瀬茶
- 川添茶
- 母子茶
- 京番茶
- 土山茶
- 大和茶
- 丹波茶

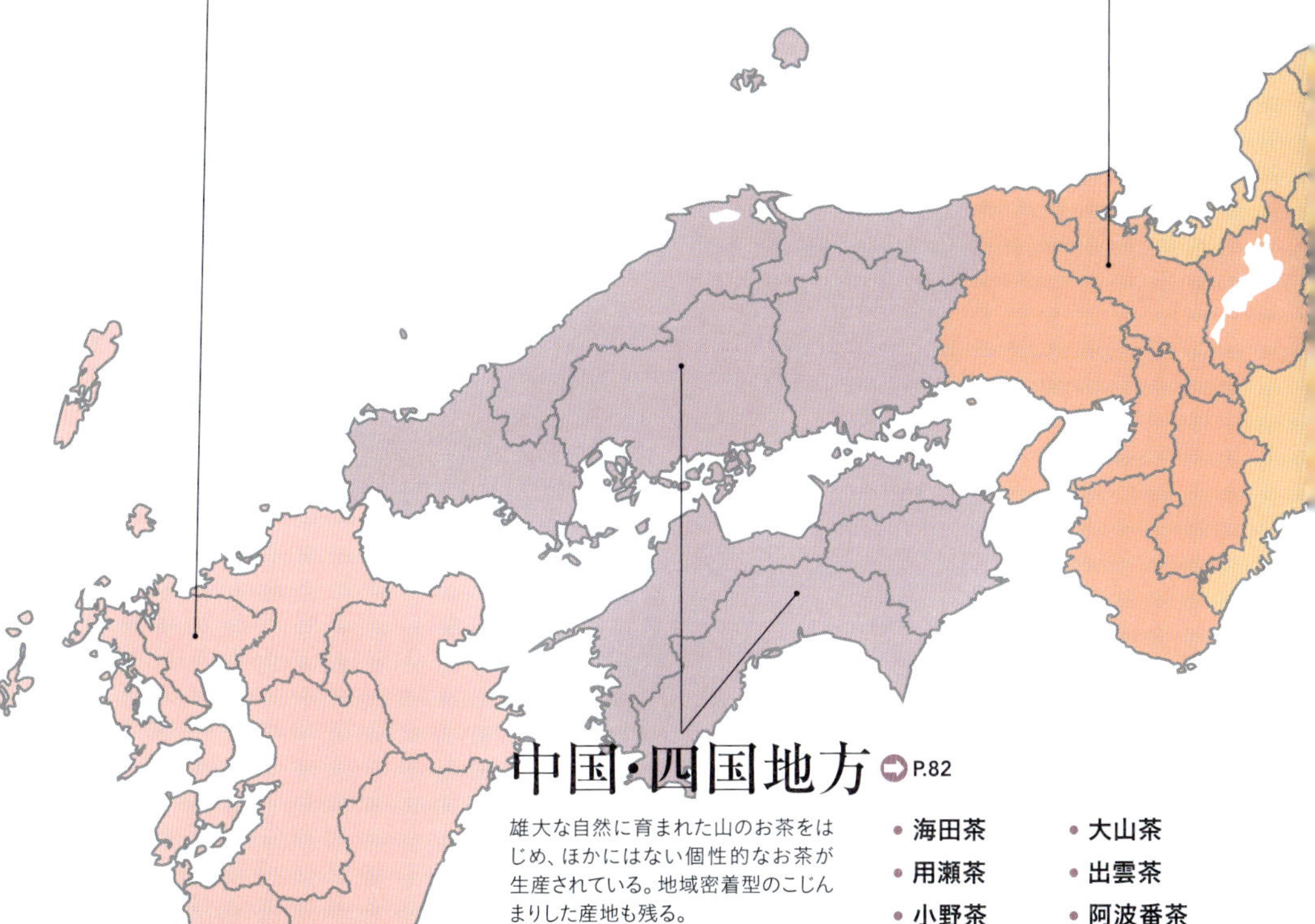

中国・四国地方

P.82

雄大な自然に育まれた山のお茶をはじめ、ほかにはない個性的なお茶が生産されている。地域密着型のこじんまりした産地も残る。

主な茶種 煎茶、番茶

一番茶の時期 4月下旬〜5月上旬

- 海田茶
- 用瀬茶
- 小野茶
- 寒茶
- 富郷茶
- 土佐茶
- 大山茶
- 出雲茶
- 阿波番茶
- 高瀬茶
- 新宮茶
- 碁石茶

関東地方

お茶の生産地としては冷涼ながら著名な茶どころも多い

群馬県
栃木県
茨城県
埼玉県
東京都
千葉県
神奈川県

黒羽茶
➡ P.32
- 八十八夜

奥久慈茶
➡ P.34
- 花の里

猿島茶
➡ P.32
- 薫風
- こくり

東京狭山茶
➡ P.38
- 高級銘茶 やぶきたのぼる

茶を栽培するには、関東地方はやや涼しい気象条件ではあるものの、全国区で知られるブランドも少なくない。

もっともポピュラーな産地は、埼玉県西部から東京都の多摩地区に広がる狭山丘陵一帯。狭山茶の生産量は全国的に見るとそれほど多くはないが、東京近郊を中心に広く親しまれているお茶のひとつだ。

また、茨城県の奥久慈茶や栃木県の黒羽茶といった、さらに北に位置する生産地もある。こうした地域では生産性こそ高くはないが、冬に茶の樹が冬眠するぶん、春の新茶にはうま味が凝縮されるといわれている。

狭山茶

P.36

- ゆめわかば
- 狭山50
- 五右衛門番茶

秩父茶

P.35

- 深山のひとしずく
- 秩父ほうじ茶

足柄茶

P.38

- 足柄茶 白梅
- 足柄茶 ひなたぼっこ

栃木 黒羽茶（くろばね茶）

山間地ならではの独特なまろやかさ

県の北東部に位置する大田原市須賀川地区で生産されているお茶。涼しい山間地の丘陵で育まれた茶は、小さくても味が濃く、2煎3煎と飲めるお茶となる。

品種はやぶきたを中心に、個性のある在来種も栽培。新茶はやや遅く、5月下旬頃の出荷となる。

煎茶

八十八夜（はちじゅうはちや）

久慈川の上流・押川流域で生産され、須賀川茶とも呼ぶ。香りと味にすぐれ、2煎目、3煎目もおいしく飲める。飲むとまろやかで、あと味は爽やか。

製造 須藤製茶工場
品種 やぶきた
価格 100g　1,100円
問い合わせ先
0287-58-0010
URL なし

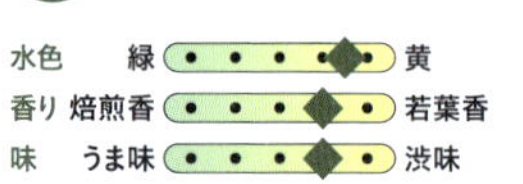

茨城 猿島茶（さしま茶）

コクのある味を深蒸し製法で引き出す

茨城県でもっとも多く生産されているお茶が、県西部の境町、坂東市を中心とした猿島地方の猿島茶。この一帯は関東平野の中央部に位置し、古い火山灰が堆積した酸性の土壌となっている。これが茶芽の成長を促すという。

年間平均気温14℃という温暖な気候だ

深蒸し煎茶

薫風（くんぷう）

一番茶のみを使用することで、フレッシュな香りが楽しめる。深蒸し煎茶特有のまろやかなコクとうま味、そしてほどよい渋味が心地よいお茶。

80℃
30秒～1分

製造 お茶のさる山野口園
品種 やぶきた、さえみどり
価格 100g　1,000円
問い合わせ先
0280-87-0523
URL なし

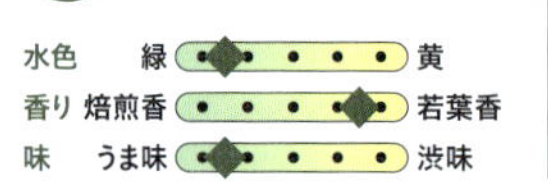

が、夏は暑く、冬は極寒の北西風にさらされる地域でもあり、葉が肉厚に育つのが特徴。その濃厚な香りをまろやかに仕上げるため、猿島茶は深蒸し製法の煎茶が主流となっている。

なお、この地域では自園自製自販の生産者が多く、各々のこだわりを活かした、丁寧なお茶づくりが根付いている。新茶の収穫は5月上旬頃からはじまる。

また、猿島茶は、古くから海外に輸出されていた日本茶としても有名。猿島茶の栽培がはじまったのは江戸時代初期といわれているが、当初はほかの地域に比べて品質が劣ることから、あまり評判がよくなかった。しかし、1830年代に宇治から製法を学び品質改良を行い、江戸でも人気を博すお茶に成長した。

そんな高品質の猿島茶を地元の豪農・中山元成がアメリカに売り込んだのがきっかけで、日米修好通商条約締結の翌年である1859年に、猿島茶が輸出されたという。

深蒸し煎茶

こくり

80℃
1分

製造 飯田園
品種 やぶきた、かなやみどり
価格 100g　1,000円
問い合わせ先
0280-87-1547
URL http://www.geocities.jp/iidaencha/

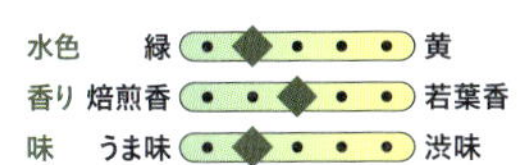

自社茶園で栽培した生葉を使い、製造から販売まで一貫して行っている。深いコクと香りが特徴で、3煎目くらいまでおいしく味わえる、人気商品。

茨城 奥久慈茶(おくくじちゃ)

昔ながらの手揉み製法の伝統を受けつぐ

茨城県の北部、豊かな自然に恵まれた大子町でつくられる奥久慈茶。一般に流通するお茶の生産地としては、太平洋側の北限にあたる。

やや寒冷な気候にも関わらずお茶づくりの歴史は古く、1593年頃に京都の宇治から伝わったとされる。山間地ならではの寒暖差があることや、雨や霧が多い気候条件も活かされて、良質なお茶がつくられてきた。

量より質を重んじる奥久慈茶は伝統の手揉みの技を活かした製茶法を今も受けついでいる。

針のように細くつややかに仕上げたお茶は、深いコクと高い香りを持つ高級煎茶として人気が高い。新茶の収穫は、ほかの産地よりも少し遅めの5月中旬からはじまり、奥久慈茶の一番茶として煎茶が生産されている。

花の里(はなのさと)

製造 吉成園
品種 やぶきた
価格 100g　1,000円
問い合わせ先
0295-78-0121
URL なし

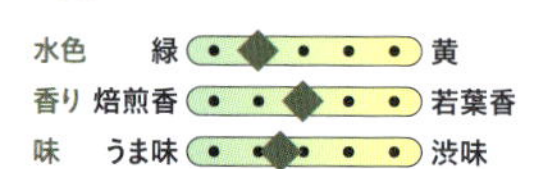

山間地特有のコクとうま味が魅力の上級煎茶。1煎目は濃厚な味、2煎目は爽やかな香り。健康によいとされるエピガロカテキンガレートという成分を多く含む。

埼玉 秩父(ちちぶ)茶

四方を山に囲まれ厳しい寒さで育つ

狭山茶に含まれることもあるが、秩父地方で栽培される茶は内陸部の茶と味わいが異なり、秩父茶と呼ばれている。

秩父茶の木は、低温の山間地でゆっくり育つ。そのため、強い甘味と奥深い香りを特徴としている。

新茶は5月中旬から収穫される。

冬には雪が降り積もることもある秩父茶の茶園。

深蒸し煎茶

深山(みやま)のひとしずく

茶園に小鳥の巣箱を設置し害虫駆除に役立てている。

無農薬・自然農法にこだわる。火入れは、和紙を敷いた炉の上で手作業で仕上げる。

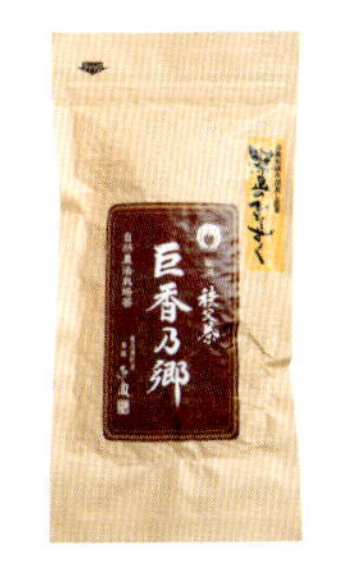

80〜90℃ 1分

製造 秩父茶本舗
品種 やぶきた、さやまかおり
価格 100g　1,500円
問い合わせ先
0494-75-0907
URL なし

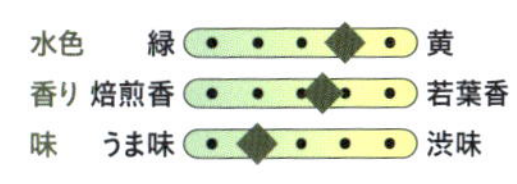

ほうじ茶

秩父ほうじ茶

秩父産のおからなど、安全な肥料を使い無農薬で丁寧に栽培。一番茶を低温で長時間焙煎する独自の製法で、ほのかな緑茶の香りを残したこだわりのお茶。

95℃ 3分

製造 出浦園
品種 さやまかおり、やぶきた
価格 100g　800円
問い合わせ先
0494-79-0036
URL http://www.omisejiman.net/ideuraen/

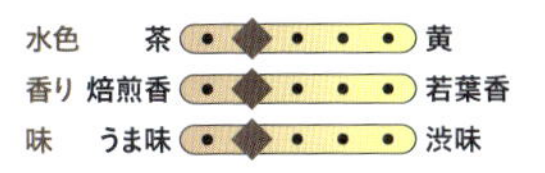

埼玉 狭山茶（さやま）

独特の乾燥処理で濃厚な香ばしさを持つお茶に

「色は静岡、香りは宇治よ、味は狭山でとどめさす」と『狭山茶摘み歌』に歌われるほど、味に定評がある狭山茶。入間市を中心に狭山市や、所沢市で栽培されている。

そのはじまりは鎌倉時代とされる。江戸時代になると、蒸し煎茶の製法を関東でいち早く導入し、江戸をはじめ広い地域で親しまれるようになった。

茶園が広がる武蔵野の丘陵地は、冬になると霜が降りる日もある寒冷な気候だが、冬の間に栄養をたくわえるので、肉厚の葉が育つ。さらに寒暖差によってお茶にうま味が凝縮される。

そして、狭山茶の味わいを決めるのが、「狭山火入れ」と呼ばれる、肉厚な葉だから可能な強火の乾燥処理。江戸時代から続くこの仕上げ方法によって、香ばしく濃厚な味わいが引き出され、葉の量が少なくてもおいしく出るお茶に仕上がる。

深蒸し煎茶

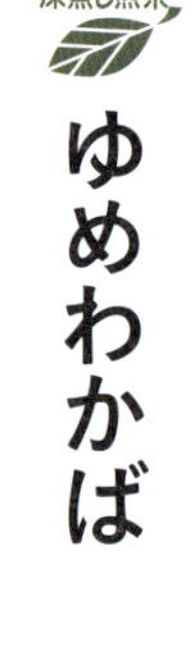

ゆめわかば

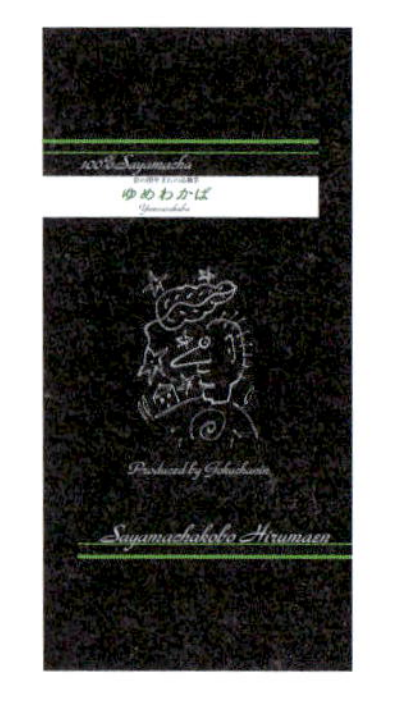

製造 茶工房比留間園
品種 ゆめわかば
価格 70g　1,000円
問い合わせ先
0120-514-188
URL http://gokuchanin.com/

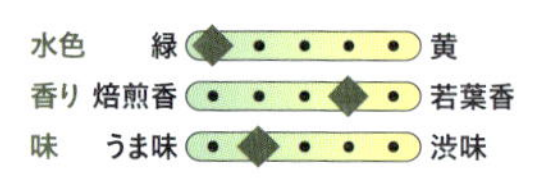

水色	緑	◆・・・・	黄
香り	焙煎香	・・・◆・	若葉香
味	うま味	・◆・・・	渋味

埼玉県生まれの新品種「ゆめわかば」を使用。栽培や製茶の方法を工夫して、バニラのような甘い香りを引き出している。渋味が少なく、やわらかなうま味が際立つ逸品。

生産のほとんどは煎茶で、一番茶の収穫は5月上旬頃から。お茶の消費量が多い東京に近い産地ということもあり、関東で人気の高い狭山茶。自園自製自販といって、お茶の栽培から販売までをすべて自分で行う農家が多いのも特徴である。

内陸の寒冷な地域にある狭山茶の茶園。

関東

番茶

五右衛門番茶（ごえもんばんちゃ）

晩秋に収穫した硬い葉を、揉まずに湯がいてつくる。

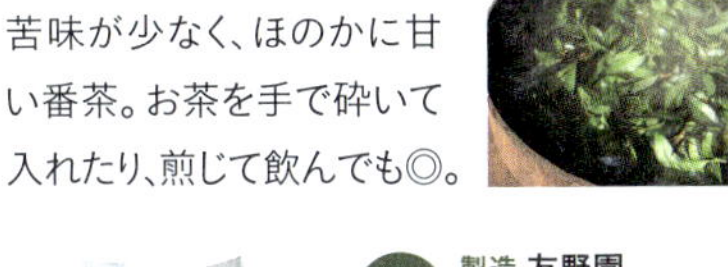
苦味が少なく、ほのかに甘い番茶。お茶を手で砕いて入れたり、煎じて飲んでも◎。

製造 友野園
品種 おくひかり
価格 100g　450円
問い合わせ先
04-2934-1854
URL なし

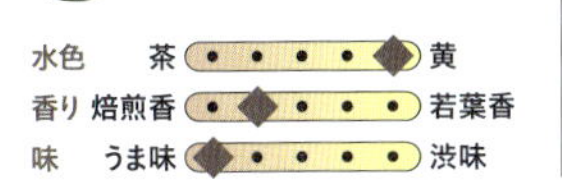

煎茶

狭山50

製造直売でワンランク上の茶葉をリーズナブルに提供する友野園。この煎茶はやや深蒸しにし、狭山茶の持ち味である濃厚なうま味を堪能できる。

75℃
30秒

製造 友野園
品種 やぶきた、ふくみどり、ふうしゅん
価格 100g　500円
問い合わせ先
04-2934-1854
URL なし

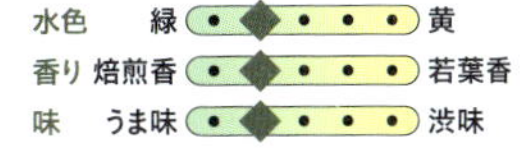

東京 東京狭山茶（とうきょうさやまちゃ）

江戸っ子のニーズに合ったコクのある煎茶

狭山茶のなかでも、埼玉県との県境に位置する東京都多摩地区で生産されるお茶は、埼玉県産と区別して東京狭山茶と呼ばれている。

主な産地は瑞穂町、青梅市、武蔵村山市、東大和市など。「狭山火入れ」によって、コクのある煎茶に仕上げられている。

深蒸し煎茶

高級銘茶 やぶきたのぼる

独自の有機質肥料と製茶法を取り入れている、藤本園の代表的なお茶。濃いお茶が好きな方におすすめ。飲みごたえがあるのにすっきりした味わい。

80℃ 1分

製造 狭山茶 藤本園
品種 さやまかおり、やぶきた
価格 100g　1,000円
問い合わせ先
042 557-0652
URL なし

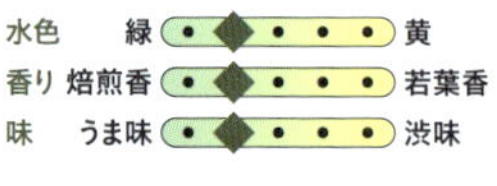

水色 緑 ― 黄
香り 焙煎香 ― 若葉香
味 うま味 ― 渋味

神奈川 足柄茶（あしがらちゃ）

有利な栽培環境を活かして安定した品質を守る

丹沢・箱根山麓一帯では、1923年におこった関東大震災のあと、山村の産業復興対策として茶の種が無料配布され、そこから茶が栽培されるようになった。1963年には全国茶品評会で一等を受賞。近年でもさまざまな賞に入賞しており、「かながわ名産100選」に選ばれている。現在では、

煎茶

足柄茶 白梅（しらうめ）

品質のよさは全国茶品評会でもお墨付き。固く締まった葉は濃い緑色で、淹れると淡い黄金色の水色になる。甘味や渋味のバランスがとれているお茶。

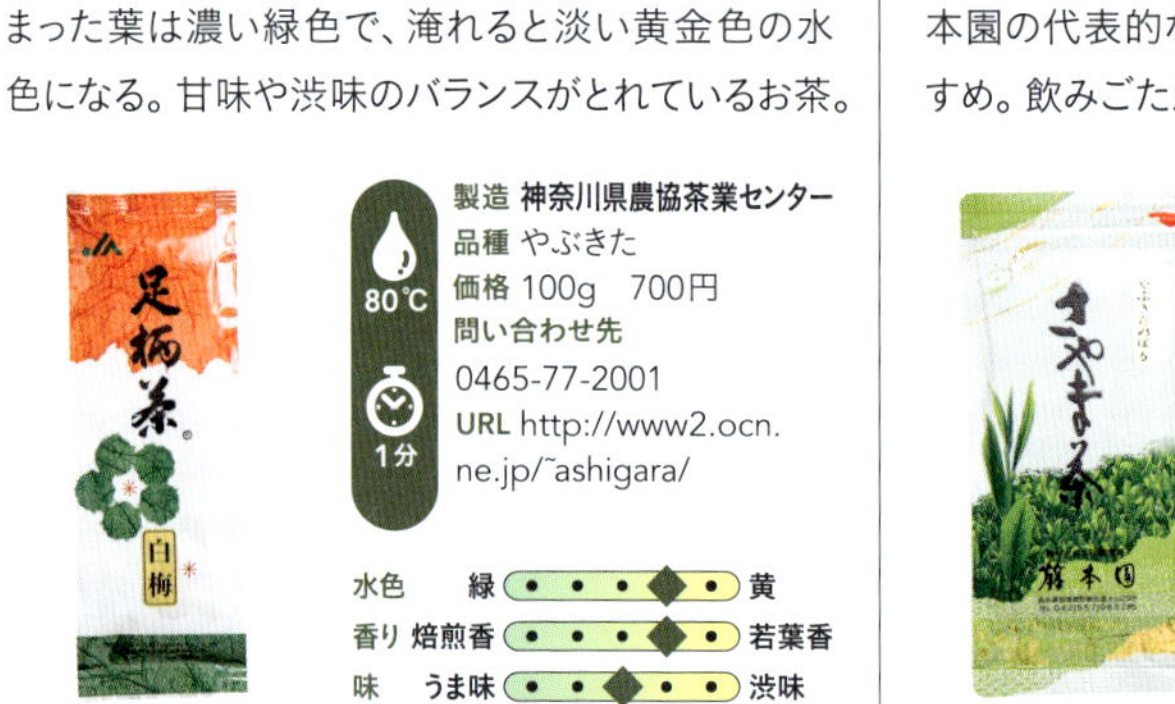

80℃ 1分

製造 神奈川県農協茶業センター
品種 やぶきた
価格 100g　700円
問い合わせ先
0465-77-2001
URL http://www2.ocn.ne.jp/~ashigara/

水色 緑 ― 黄
香り 焙煎香 ― 若葉香
味 うま味 ― 渋味

小田原市、秦野市、南足柄市、相模市など、広い地域で、お茶づくりが行われる。

この地の土壌は水はけがよい上に、お茶の品質を決める全窒素という成分が多く含まれているとか。山麓地域は日照時間が短いため、葉の成長自体はゆっくりしているが、土の栄養分をたっぷり吸収できるので、これが品質のよさにつながっている。

さらには、春先に発生する朝霧が、新芽を紫外線から守るカーテンに。その効果で、うま味成分のアミノ酸が多く、渋味成分のタンニンが少ない、やわらかな味と香りのお茶になる。摘み取ったあとのやわらかな生葉は約40秒間しっかりと蒸し、普通蒸しの煎茶に仕上げられる。

新茶の収穫は5月上旬から。

関東

日照時間が短い山間部に広がる足柄茶の茶園。

煎茶

足柄茶 ひなたぼっこ

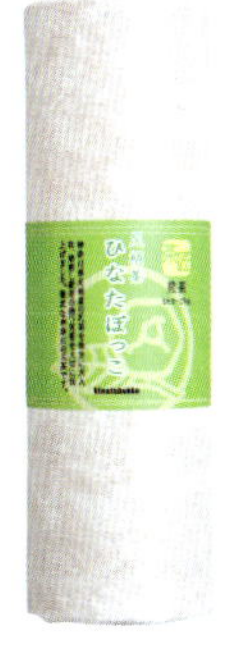

70℃

30秒～1分

製造 茶来未
品種 やぶきたなど
価格 60g　1,000円
問い合わせ先
0466-54-9205
URL http://www.chakumi.com/

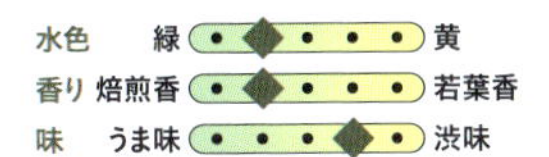

新芽の若々しい香りを大切にした期間限定新茶。世界緑茶コンテストで大会史上初の最高金賞2度受賞の茶師が、独自の火入れ焙煎を行い、やさしい味に仕上げた。

中部地方（静岡県を除く）

広範囲でさまざまな茶種を栽培

村上茶

P.42

- 八千代
- こしひかり玄米茶

新潟県

バタバタ茶

P.45

- バタバタ茶

富山県

岐阜県

長野県

白川茶

P.47

- 奥美濃白川茶
  くき茶

山梨県

南部茶

P.43

- かいじ
- なごみ

愛知県

新城茶

P.50

- 福泉

長野・天龍茶

P.44

- 天龍の響

生産地が広範囲にわたる中部地方のお茶は、実にバラエティ豊かである。ここでは静岡県を除いた中部地方を紹介する。

寒さの厳しい日本海側では、北限のお茶として知られる新潟県の村上茶があり、富山県では日本では珍しい後発酵茶のひとつ、バタバタ茶がつくられ、石川県では高級ほうじ茶として人気の加賀棒茶があるなど、各地で個性的なお茶がつくられている。

一方、温暖な太平洋側に位置する三重県は、静岡県や鹿児島県に続くお茶の生産地。とくにかぶせ茶においては日本一の生産量を誇る。また、愛知県西尾市は全国でも有数の抹茶生産地として知られ、その原料となる碾茶（てんちゃ）の栽培がさかんである。

新潟 村上（むらかみ）茶

厳しい寒さを活かして独特の味わいを目指す

山形県に隣接する新潟県村上市は、冬になると雪が積もる気候でありながら、400年も前から茶が栽培されてきた。現在、商業的に茶の産地として成り立っている地域としては、日本海側でもっとも北に位置している。

ほかの産地に比べると日照時間が短く、1～2月は茶園が雪をかぶって真っ白になるほどだが、かえって葉の光合成がおさえられ、苦味成分の含有量が少ない。昼夜の寒暖差を耐え抜き、雪の下で栄養を蓄えながらゆっくり成長した茶は、甘味やうま味が際立つとされる。お茶づくりの長い歴史のなかで、寒冷地に向く在来種が多く栽培されてきたが、近年「やぶきた」「ふくみどり」「つゆひかり」など新しい品種も栽培されるようになり、独特の味わいを持つお茶として人気が高い。

新茶の収穫は5月中旬。

煎茶 八千代（やちよ）

一番茶を弱めの火入れによって、爽やかな香りに仕上げている。湯冷ましした湯で淹れるとまろやかに、熱いお湯を使うとしっかりした味わいに。

70～80℃
20～30秒

製造 お茶の常盤園
品種 やぶきた、ふくみどり、つゆひかり
価格 100g　1,500円
問い合わせ先
0254-52-2024
URL http://maruki-tokiwaen.com/

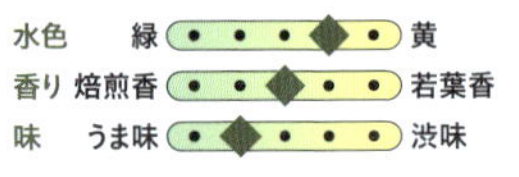

玄米茶 こしひかり玄米茶

腕利きの製茶師が土づくりから製茶までこだわった、数量限定の逸品。村上産の緑茶に新潟県産コシヒカリの玄米を組み合わせて、香ばしく仕上げている。

製造 冨士美園
品種 ふくみどり、在来種など
価格 150g　750円
問い合わせ先
0254-52-2716
URL http://fujimien.jp/

水色 緑 黄
香り 焙煎香 若葉香
味 うま味 渋味

山梨

南部茶（なんぶちゃ）

うま味が際立つ手軽に飲めるお茶

南アルプスの麓に位置する南部町は、温暖な気候と降水量に恵まれた土地。茶の栽培は1000年以上もの歴史がある。

渋味や苦味などのくせが少なく、ほとんどが普通蒸し煎茶に仕上げられる。新茶の収穫は5月上旬から。

雄大な南アルプスの山脈が見える、南部茶の茶園。

中部

煎茶

なごみ

梅島の里という山間地で栽培したお茶を、園主自ら丁寧に製茶。うま味成分・テアニンが豊富に含まれており、甘味と渋味のバランスが抜群。

85℃
40秒

製造 まるわ茶園
品種 やぶきた
価格 100g　1,000円
問い合わせ先
0556-67-3458
URL http://maruwa-cha.com/

水色　緑 ●●●◆● 黄
香り　焙煎香 ●●●◆● 若葉香
味　うま味 ●●◆●● 渋味

煎茶

かいじ

荒茶を再度焙煎して香りと味を引き出し、新鮮な状態でパック詰めしている。霧の多い峡南地方で育まれた香り高いお茶は、カテキンがたっぷり。

70〜80℃
90秒

製造 春木屋
品種 やぶきた
価格 100g　600円
問い合わせ先
0120-35-4121
URL http://www.88ya.co.jp/

水色　緑 ●●◆●● 黄
香り　焙煎香 ●◆●●● 若葉香
味　うま味 ◆●●●● 渋味

中部

長野

長野・天龍茶（りゅうちゃ）

山間で育まれた爽やかなお茶

長野県と静岡県と愛知県にまたがる天竜川は、山脈の谷間に位置し、急斜面に茶園が広がる。

この土地は寒暖差があり、朝霧が多く、茶づくりに適した土地。川霧によって育まれた葉は肉厚で、爽やかな香りと味を持つお茶がつくられる。

新茶の収穫は5月初旬から。

煎茶

天龍の響（てんりゅうのひびき）

長野県最南端の茶園で育ったお茶に、天竜川下流（静岡）のお茶をブレンド。山のお茶独特の爽やかな香りが特徴。飲みやすく、普段づかいにおすすめ。

80〜90℃
1分

製造 お茶元みはら胡蝶庵
品種 やぶきた
価格 80g　1,000円
問い合わせ先
0263-73-0415
URL http://www.kochouan.jp/

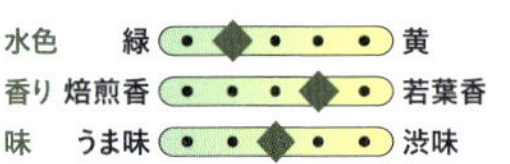

抹茶の旬は秋

新茶といえば、春から初夏にかけてをイメージする。ところが抹茶の場合は、11月に旬を迎える。なぜなら、抹茶の原料となる碾茶（てんちゃ）は、熟成させるとさらに風味が増すからだ。

5月に摘んで乾燥させた碾茶を茶壺に入れ、秋まで寝かせておくと、甘味が増してまろやかな味になる。これを茶臼で挽いて抹茶として味わうのは、先人たちがあみだした至極の味わい方なのだ。茶の湯の世界では、その年の抹茶を使いはじめる秋を正月とし、11月初旬の立冬に「口切りの茶事」が執り行われている。

江戸時代、静岡の本山茶に惚れ込んでいた徳川家康は、碾茶を保管するための屋敷をつくり、晩秋まで熟成させた抹茶を使って、駿府城での茶会を楽しんでいたという。

宇治市興聖堂での口切りの茶事。壺の封印を切って、春から保存しておいたお茶を使いはじめる儀式。

富山

バタバタ茶

専用の茶筅で泡立てる日本で珍しい黒茶

新潟県との県境に近い富山県朝日町は、日本海と白馬岳をのぞむ茶産地。ここでは古くから、日本では珍しい黒茶というお茶が飲まれてきた。

黒茶とは、中国のプーアル茶に代表される後発酵茶のことで、ほのかな酸味が感じられるのが特徴だ。

この地方の黒茶は、新芽の段階では摘み取らず、7月頃、成熟した茶を枝ごと刈り取る。それを蒸し器で蒸してから1カ月ほど発酵させたあと、天日で干して乾燥させる。

そして、この黒茶を用いた昔ながらの飲み方が、室町時代に伝わったとされるバタバタ茶。黒茶をやかんなどで煮出して碗に注ぎ、夫婦茶筅という2本合せの茶筅で、バタバタと泡立ててから飲む。泡立てることで味がまろやかになり、また泡が口の中ではじけ、爽やかさが楽しめる。

中部

後発酵茶

バタバタ茶

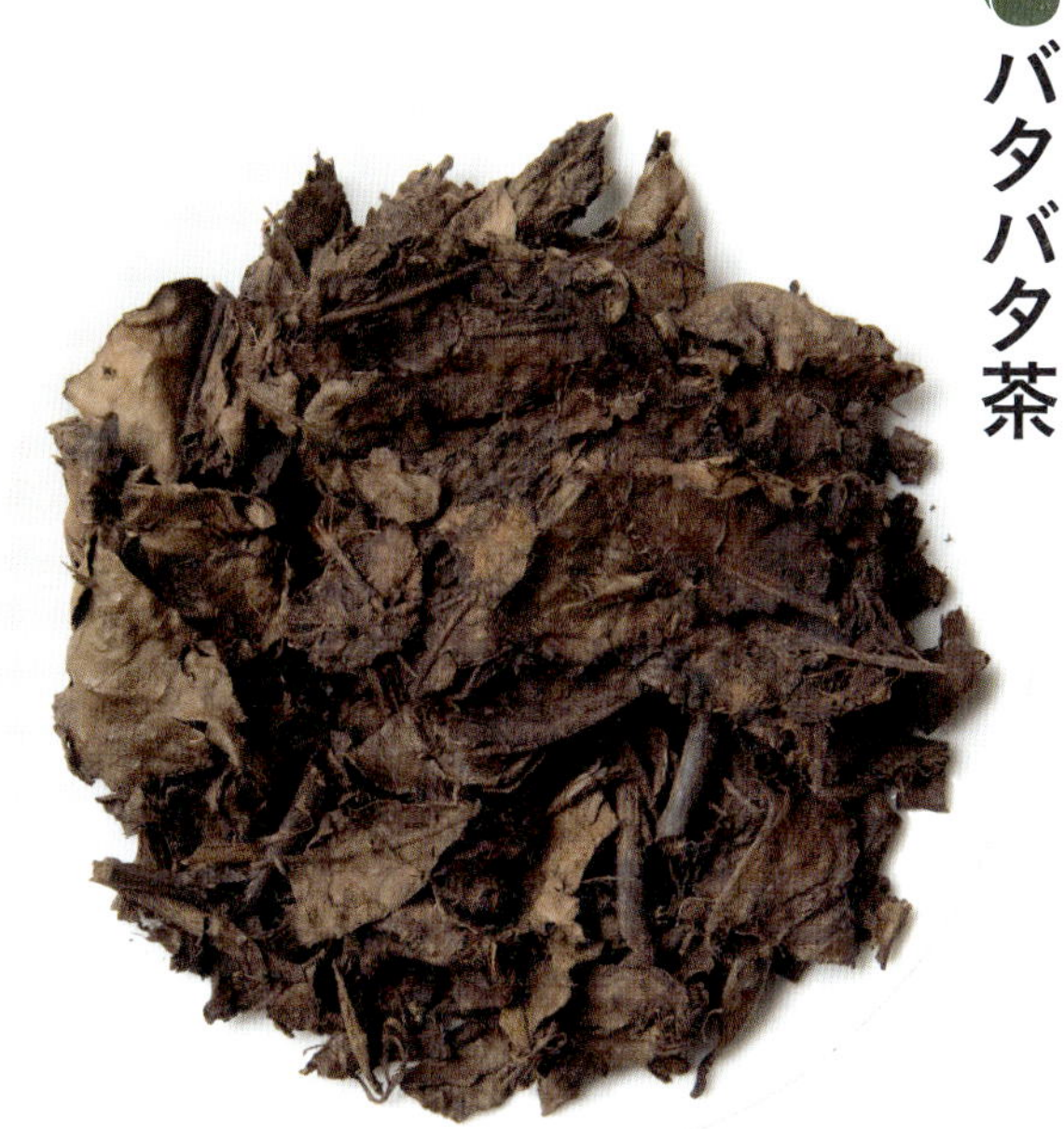

100℃
1時間

製造 あさひ
品種 やぶきた
価格 100g　600円
問い合わせ先
0765-83-2688
URL なし

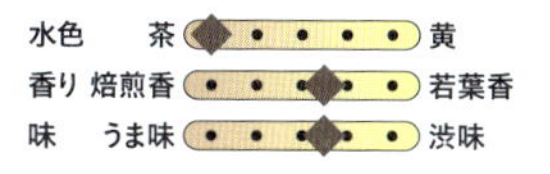

お茶を木綿袋に入れて煮出した汁を、五郎八(ごろはち)茶碗という碗で泡立てるのが伝統的。泡立てずにそのまま飲んでもいいし、夏は冷やしても風味がよくなる。

石川 加賀棒茶

明治時代に広まった茎をメインに使用したほうじ茶

加賀棒茶とは、茶の茎を原料にしたほうじ茶。軽やかな香ばしさが特徴で、全国的にもファンが多い。

江戸時代、加賀藩前田家の製茶奨励政策によって、金沢ではお茶づくりが盛んになった。栽培法や製茶法は京都の宇治から伝えられたため、今もなお茶道の文化が根付いているが、日常的に親しまれているのはほうじ茶が多い。とりわけ、全国でも珍しい、茶の茎からつくられるほうじ茶が主流となっている。

金沢の棒茶は、明治時代半ばに開発され、それまでは捨てていた二番茶以降の茎を焙じたのがはじまり。茎は葉に比べて火が通りにくいので、強火でさっと焙じて香ばしさを引き出している。もともとは庶民向けのリーズナブルなお茶として誕生したが、現在は高級なものから日常的なものまで、幅広い棒茶が生産されている。

ほうじ茶

献上加賀棒茶

製造 丸八製茶場
品種 やぶきたなど
価格 100g　1,200円
問い合わせ先
0120-41-5578
URL http://www.kagaboucha.co.jp/
※商品のサイズと価格が変わります（2017年11月予定）。

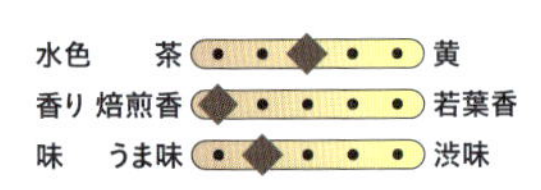

昭和天皇にも献上された棒茶。一番摘みの茎を浅めに香ばしく炒り上げている。水出しの冷茶もおすすめ。おいしく淹れるには透き通った琥珀色の水色が目印。

岐阜 白川茶（しらかわちゃ）

川沿いの傾斜地で少量のみ栽培

400年の歴史を持つ白川茶。

県の中央部に位置する白川町と東白川村で生産されている。この地域は飛騨川とその支流に沿った山間地で、山からのミネラルをたっぷり吸収し、香りが高い茶になる。生産量は少ないものの、高級茶として人気を博している。

岐阜 揖斐茶（いびちゃ）

江戸時代からの伝統ある産地

県の西部、池田山麓の水はけのよい扇状地では、古くから茶が栽培されてきた。1822年、宇治より茶師を招いて煎茶がつくられるようになり、その後も品質向上を重ね名声を高めた。

県推奨のクリーン農業を中心として育てられたお茶は、上品な香りが特徴。新茶の収穫は4月下旬からはじまる。

茎茶

奥美濃白川茶（おくみのしらかわちゃ） くき茶

奥美濃白川で一番摘みの上質な新芽の茎からつくられている茎茶。アミノ酸を多く含んでおり、甘いながらもさっぱりとした味わい。

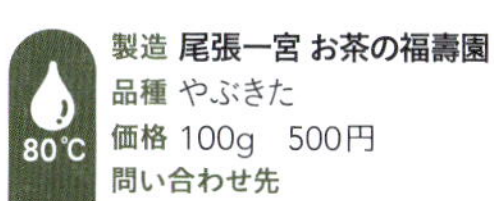

80℃
1分

製造 尾張一宮 お茶の福壽園
品種 やぶきた
価格 100g　500円
問い合わせ先
0586-73-4509
URL https://www.138-fukujyuen.com/

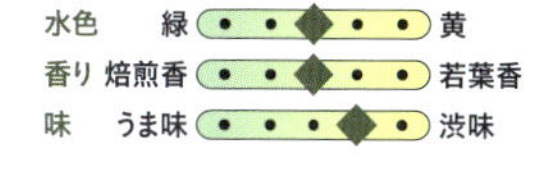

煎茶

美濃いび茶（みのいびちゃ） 金印（きんじるし）

1881年創業の老舗が丹念につくった銘茶。茶を独自にブレンドし、遠赤外線・熱風・直火と三段階の火入れで、ふくよかな香りに仕上げている。

80℃
30秒～1分

製造 瑞草園
品種 やぶきたなど
価格 100g　640円
問い合わせ先
0585-45-2068
URL http://www.zuisoen.co.jp/

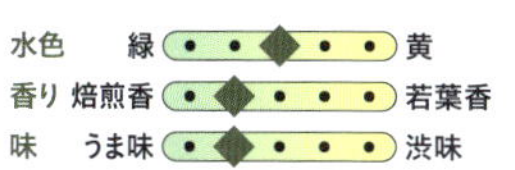

愛知

西尾抹茶

丁寧な栽培方法で良質な抹茶を生産

西尾茶のふるさとは、県のほぼ中央を南北に流れる矢作川流域の最南端・西尾市を中心としたエリア。温暖な気候と、水はけのよい赤土層に恵まれた丘陵地だ。

この地域では、13世紀頃から茶の栽培がはじまったという。西尾市内にある紅樹院の境内には、西尾抹茶の原樹が今でも残っている。

明治時代になると、京都の宇治から抹茶の製法が持ち込まれ、抹茶の生産が本格的にスタート。現在は生産量のほとんどをこの抹茶が占めており、高級抹茶の産地として知られている。

その原料となる碾茶の生産量は、全国でもトップクラスだ。新芽が出る20日ほど前から寒冷紗で茶園を覆い、日光を遮って育てる被覆栽培という栽培方法が主流。こうすることで新芽がやわらかく育ち、ふくよかな香りになるという。

抹茶

松風の昔

製造 南山園
品種 さみどりなど
価格 30g 1,000円
問い合わせ先
0566-99-0128
URL http://nanzanen.jp/

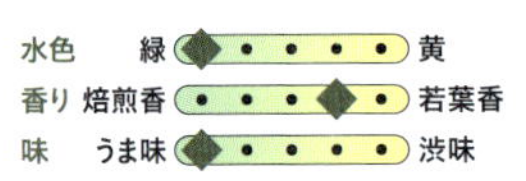

鮮やかな緑色、上品な香り、深いうま味という西尾抹茶の特徴をまるごと味わえる。抹茶としては手頃な価格もうれしい。おもてなしや、茶道のお稽古にもおすすめ。

西尾では寒冷紗の覆いの下で、今ではめずらしくなった手摘みによる収穫が行われている。

現在の日本の茶摘み作業は、機械で行うことが一般的だが、西尾抹茶は昔ながらの手摘みが根付いているのが特徴。その丁寧な摘採方法によって、上質な抹茶ができあがる。

新茶の収穫は、5月中旬からはじまる。

中部

抹茶

朝日の光（あさひのひかり）

全国茶品評会で過去7度の農林水産大臣賞受賞歴がある茶園。清々しい香りとコクが際立つ。手摘みで収穫し、茶臼でゆっくり挽き、まろやかに仕上げる。

製造 朝日園製茶工場
品種 さみどり
価格 40g　1,300円
問い合わせ先
0563-57-2778
URL http://www016.upp.so-net.ne.jp/asahien/

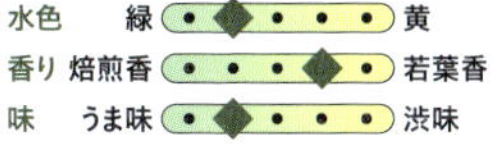

抹茶

御薄茶 葵の誉（あおいのほまれ）

大正時代創業の老舗がつくる、石臼で挽いた最高級の御薄茶。うま味と甘味、渋味のバランスがよくとれ、濃茶用としても使える贅沢な抹茶。

製造 葵製茶
品種 さみどり、あさひ
価格 30g　2,000円
問い合わせ先
0120-101-873
URL http://www.aoiseicha.co.jp/

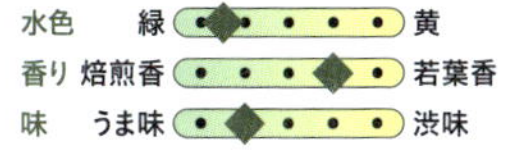

愛知 新城茶（しんしろちゃ）

水の利が育んだ山育ちの煎茶

県の東側に位置する新城市は、愛知県で一番の煎茶の生産地。その歴史は400年以上さかのぼる。豊川の清流に恵まれ、朝霧のわき立つ昼夜の寒暖差が大きい山間地で育まれた茶は、煎茶らしい爽やかな風味で広く親しまれている。

新茶の時期は4月下旬から。

煎茶

福泉（ふくせん）

有機肥料を用い、土づくりからこだわったお茶。茶園から収穫した新芽をその日のうちに製茶し、茶の風味と香りを活かしている。まろやかな味わい。

製造 福田園 製茶
品種 やぶきた
価格 100g　1,000円
問い合わせ先
0536-25-0500
URL http://www.fukutaen.co.jp/

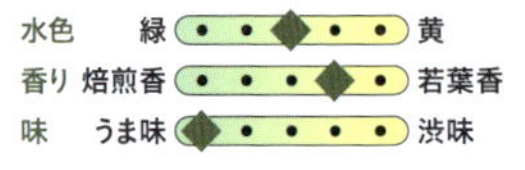

三重 伊勢茶（いせちゃ）

県内の広い地域で特徴のあるお茶を生産する茶どころ

三重県は、静岡県、鹿児島県に次いで緑茶生産量と栽培面積が多い、全国3位の茶どころ。そのため県内では、広域にわたってお茶づくりが行われており、各地域の風土に根ざしたさまざまなお茶が生まれている。それらを総じて、伊勢茶と呼んでいる。

そのはじまりは古く、およそ1000年前。

かぶせ茶

伊勢本かぶせ茶（いせほんかぶせちゃ）

一番茶のみ使用した、伝統農法によるかぶせ茶。水色は鮮やかな緑色。ぬるめのお湯か水出しで淹れると、ほのかな甘味を引き出せる。

製造 お伊勢参り本舗
品種 やぶきた
価格 70g　1,200円
問い合わせ先
059-329-2078
URL http://oise.co.jp/

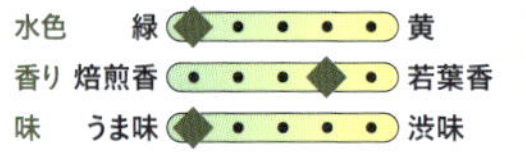

弘法大師が唐から持ち帰った茶の種を、ある寺の住職が植えたのがルーツだとされている。

伊勢茶のなかでよく知られているのは、四日市市、亀山市など北部地域で生産されるかぶせ茶。県全体のお茶生産量の3割を占めており、都道府県別にみると、三重県が、全国で1位の生産量を誇る。黒い布製の寒冷紗などで茶の木を覆ってつくる、うま味を持った上品なお茶だ。

この地域では、二番茶までしか摘まないため高品質を保つことができる。

一方、伊勢神宮に通じる櫛田川・宮川流域の大台町、度会町、飯南町などの南部地域では、煎茶や深蒸し煎茶が多く生産されている。霧の影響による香り高い品質で知られ、全国茶品評会では、何度も農林水産大臣賞を受賞している。

県の大半の平均気温が14～15℃程度と比較的温暖なため、早いところでは4月下旬から、遅いところでも5月中旬から一番茶の収穫がはじまる。南北に長いため、茶摘みの時期には開きがある。

中部

深蒸し煎茶

深蒸し薮北(やぶきた) 光雲(こううん)

80℃
1分

製造 川原製茶
品種 やぶきた
価格 80g　1,200円
問い合わせ先
0598-49-3036
URL http://www.kawa-tea.co.jp/

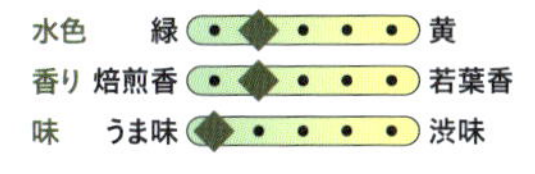

主に有機肥料を使って栽培されたお茶。強火の焙煎によるしっかりした味で、2煎目以降もおいしく味わえる。ほどよい渋味のなかに、甘味がふわっと広がる。

天下一（てんがいち）

茶審査技術十段の茶師が手がけるブレンド煎茶。上級茶をあえて強火で火入れし、伊勢茶らしいコクとうま味、香ばしさを生んでいる。

製造 かねき伊藤彦市商店
品種 主にやぶきた
価格 100g　1,000円
問い合わせ先
0595-96-0357
URL http://www.kaneki-isecha.com/

水色 緑 ⟷ 黄
香り 焙煎香 ⟷ 若葉香
味 うま味 ⟷ 渋味

中部

中部

三重 水沢茶（すいざわちゃ）

丘陵地で生産するかぶせ茶が有名

三重県の北側に位置する四日市市の水沢地域で生産される水沢茶。この地域は、鈴鹿山脈のゆるやかな丘陵地に多くの茶園が広がっている。

新芽の時期に黒い布の寒冷紗などで1～2週間覆うことで、うま味成分の豊かなかぶせ茶を生産している。

三重 度会茶（わたらいちゃ）

川霧に育まれたまろやかな煎茶が主流

県の南側にある度会町は、伊勢湾へ続く清流・宮川沿いに茶園が広がる。

霧の多い土地のため、古くからの茶産地として知られている。製茶技術にも定評があり、各種品評会で数々の受賞経験を持っている。度会茶の多くは、香りのよい煎茶に仕上げられる。

かぶせ茶

伊勢本かぶせ茶 上（いせほんかぶせちゃ じょう）

ぬるめのお湯か冷水で淹れると、うま味やふっくらした甘味を存分に引き出せる。淹れたあとは急須のふたを開けて独特の「覆い香」を楽しんで。

製造 三重茶農業協同組合
品種 やぶきた
価格 100g　1,000円
問い合わせ先
059-329-3121
URL http://www.suizawa.net/

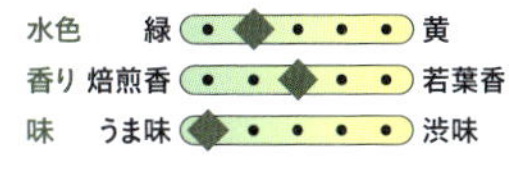

煎茶

特上煎茶 春がすみ（とくじょうせんちゃ はるがすみ）

有機栽培でつくられた特上煎茶。4月末に初摘みされた希少な葉だけを使っているので、このお茶でしか味わえない、うま味と香りを持ち併せている。

製造 新生わたらい茶
品種 やぶきた
価格 80g　1,000円
問い合わせ先
0596-64-0580
URL http://www.wataraicha.co.jp/

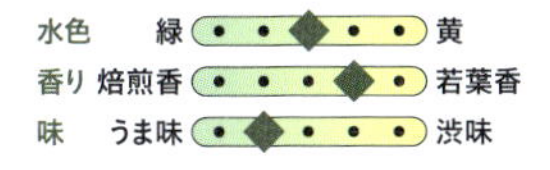

和菓子ミニ図鑑❶

上生菓子 歳時記

雅な意匠と、上品な味の上生菓子は茶菓子としても愛されている。上生菓子で繊細に表現された日本の四季折々の風物詩を楽しもう。

春

手折桜
（羊羹製）

羊羹製とは、あんに小麦粉などを合わせ蒸したもの。手で折って持ち帰りたいほどの、桜を愛する想いを表した。

蛤形
（薯蕷製）

薯蕷製とはすりおろした山芋を使った生地のこと。雛祭につきものの蛤をかたどっている。

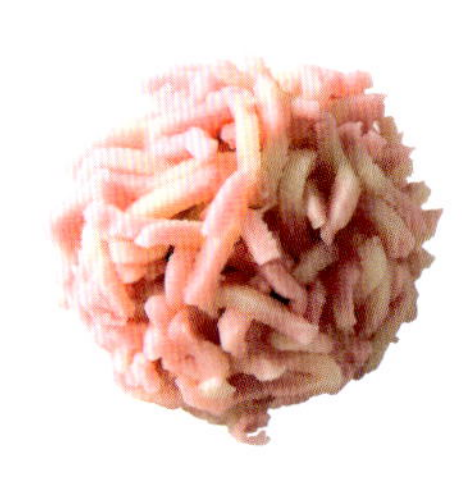

遠桜
（きんとん製）

きんとんとは、あん玉のまわりにそぼろ状のあんをつけたもの。遠くに見える桜の濃淡のあるさまを、白と紅のそぼろで表現。

夏

水仙夏の霜
（くず製）

水仙とはくず製の意味。くず粉でつくった生地で紅あんを包み、夏の夜に霜が降りたように、月が明るく地上を照らす様子を表現。

青梨
（水羊羹製）

吉野葛を使った緑色の生地であんを包み、若々しい梨をかたどった意匠。表面にけしの実を散らしている。

花扇
（琥珀製）

琥珀とは、寒天液に砂糖や水あめを煮とかして固めたもの。扇形の琥珀羹の中に、赤い桔梗形の羊羹を浮かべた。

栗粉餅（くりこもち）

（きんとん製）

裏ごしした栗と、白あんを混ぜてつくったそぼろ。秋の味覚を代表する栗の味と香りを楽しめる菓子。

月下の宴（げっかのうたげ）

（薯蕷製）

月見にちなんでつくられた菓子。草むらから立ち上がって月を愛でるうさぎの姿を焼き印で表わしている。

山路の錦（やまじのにしき）

（羊羹製）

重なり合う紅葉の葉をかたどり、錦にも例えられる美しさを表現している。肉桂（ニッキ）入りのあんの風味も珍しい。

霜紅梅（しもこうばい）

（求肥（ぎゅうひ）製）

求肥とは白玉粉に水と砂糖を加え蒸して練ったもの。梅の花を紅色の求肥でかたどり、花びらに降りた霜を新引粉で見立てた。

柚形（ゆがた）

（薯蕷製）

柚子は昔から親しまれており、冬至には柚子湯に入る習慣がある。生地には、すりおろした柚子の皮が入っていて美しい。

深山の雪（みやまのゆき）

（きんとん製）

冬の訪れが里より一足早い深山のもの寂しい情景を、雪に見立てた白あんとこしあんのそぼろで表現。

撮影協力／とらや
室町時代後期、京都で創業した、日本を代表する和菓子の老舗。なかでも羊羹は、とらやの代名詞。
◆とらや 赤坂本店　東京都港区赤坂4-9-22

静岡

環境に恵まれた日本最大の産地

清水のお茶

P.64

・幸せのお茶 まちこ

本山茶

P.63

・安倍川緑

朝比奈玉露

P.65

・朝比奈玉露

静岡茶

P.58

・若葉
・平常心
・わらかけ 天明

日本を代表するお茶どころの静岡県は、栽培面積や生産量において常に全国トップ。江戸時代、お茶をこよなく愛した徳川家康と縁が深かったため、当時から茶の栽培がさかんに行われてきた。

気候が温暖で、日照時間が長いことなども茶の栽培に適しており、寒暖差の大きい山間部や丘陵地帯をはじめ、南側の平野部でも茶が栽培されている。その味わいはさまざまで、地域ごとのブランドが確立しているのも静岡のお茶の特徴だ。

本山茶や川根茶、掛川茶など、銘茶として全国的に人気のあるお茶もたくさんある。

川根茶

➡ P.60

- 極上 天空の風
- 特上 川根茶

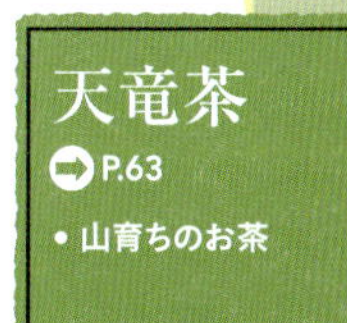

天竜茶

➡ P.63

- 山育ちのお茶

静岡県

遠州森の茶

➡ P.65

- 森の粋

掛川茶

➡ P.62

- 大雪
- かごよせ

静岡 静岡茶（しずおか）

数々の銘茶を生む日本一の茶どころ

気候が温暖な静岡県は、東西にわたる広い地域に茶の生産地があり、総括して静岡茶と呼ばれている。

この地域での茶の栽培は1240年頃にはじまったとされるが、生産量が拡大したのは明治時代のこと。江戸から移住した徳川家の藩士たちが牧之原台地を開墾し、大規模な茶園を形成。静岡のお茶は生糸と並ぶ輸出品として重宝された。

その伝統が受けつがれ、現在の静岡茶の生産量は、日本でもっとも多く、全国の半分近くを占める。

静岡茶の大きな特徴は、産地ごとのブランドが確立していること。静岡県は地域によって標高差があり、気温が安定している沿岸地域、寒暖差の大きい内陸の台地や山間部、冬は積雪もある伊豆の天城山や富士山麓など、茶の栽培環境もバラエティ豊かだ。そのため、地域の風土に根付いたお茶づくりが各地で行われている。

煎茶

若葉（わかば）

製造 小山園茶舗
品種 やぶきた
価格 100g　1,000円
問い合わせ先
054-254-2577
URL http://www.koyamaen.co.jp/

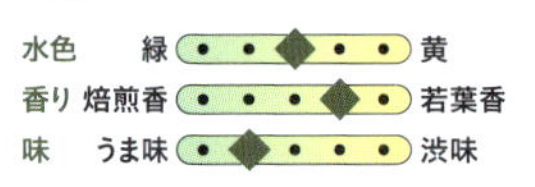

山間地・川根地区の香り高い茶と、牧之原の丘陵地で収穫した深みのある茶をブレンドした、やや深蒸しの上煎茶。おもてなし用にもおすすめ。

静岡県の各地に広大な茶園が広がる。写真は、大井川鉄道が走る川根地区。

お茶の製法は、山間部では普通蒸し煎茶が、平地や台地にある産地では深蒸し煎茶が主流だ。
新茶の収穫時期は地域によって前後するが、5月上旬が中心となっている。

煎茶

わらかけ 天明（てんめい）

寒冷紗という薄い布をかけて直射日光をおさえることで、独特の深みある味を引き出した上級煎茶。甘味・苦味・渋味のバランスがとれた味わい。

製造 竹茗堂茶店
品種 やぶきた
価格 100g　1,500円
問い合わせ先
054-254-8888
URL http://www.chikumei.com/

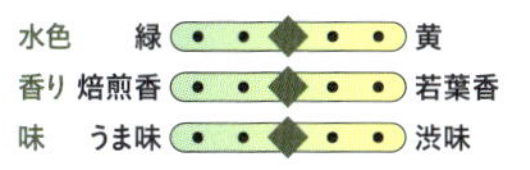

煎茶

平常心（へいじょうしん）

抹茶入りの上煎茶。熱めのお湯でさっと浸出できる手軽さが魅力。鮮やかな緑色を活かし、夏は濃い目に淹れたものを氷に注いで、冷茶にするのもおすすめ。

製造 山大園
品種 やぶきた
価格 100g　700円
問い合わせ先
0545-52-2540
URL http://www.yamadaien.jp

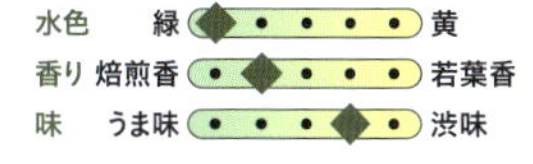

静岡 川根茶（かわねちゃ）

南アルプスと大井川の自然が育む銘茶の産地

県の中部を流れる大井川の上流域は、原生林が広がる肥沃な土壌。川根茶は、400年以上前からこの地域で生産されてきた。寛政元年（1789年）にはすでに、煎茶を売却した記録があるという。

標高600mの地にあるつちや農園。山々と霧が織りなす幻想的な環境がおいしいお茶を育む。

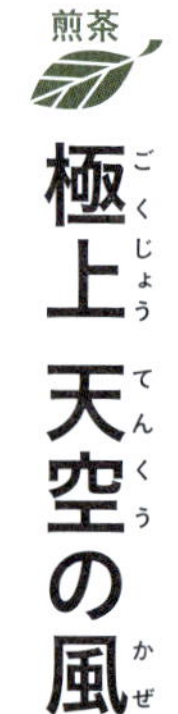

煎茶

極上（ごくじょう） 天空（てんくう）の風（かぜ）

静岡

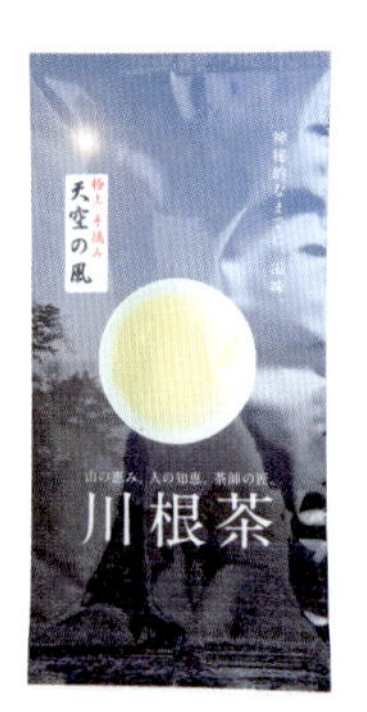

製造 つちや農園
品種 やぶきた
価格 90g 2,400円
問い合わせ先
0547-56-0752
URL http://www.tsuchiya-nouen.com/

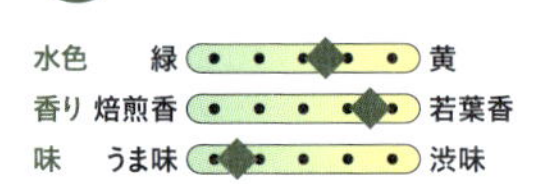

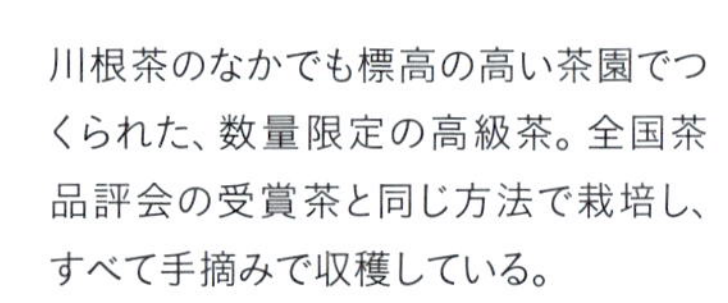

川根茶のなかでも標高の高い茶園でつくられた、数量限定の高級茶。全国茶品評会の受賞茶と同じ方法で栽培し、すべて手摘みで収穫している。

南アルプスを背負う山懐、大井川沿いの山間の地は、昼夜の寒暖差が大きく、また朝と夕方を中心に垂れ込める濃い川霧がしなやかな茶を生み、香りや味を引き出してくれる。こうしたお茶の持ち味を活かすため、川根茶は昔ながらの普通蒸し煎茶に仕上げられることが多い。

　澄んだ水色と豊かな香り、甘味が際立つ川根の高級煎茶は、全国茶品評会の常連であり、受賞回数も数知れず。全国的に名をはせる名茶園も多くある。

　新茶の収穫は4月下旬から。

川根では、今も丁寧に手摘みで収穫されることが多い。

煎茶

特上（とくじょう） 川根茶

90℃

1分

製造 丹野園
品種 やぶきた
価格 100g　1,000円
問い合わせ先
0547-56-0241
URL なし

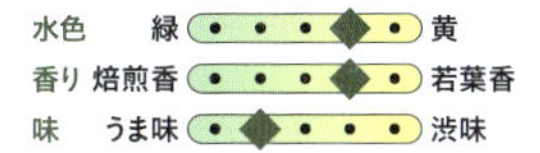

全国茶品評会で上位入賞を続ける、丹野園こだわりの煎茶。金色で透明感ある水色と爽やかな香りが特徴。甘味と渋味をあわせ持つ、個性豊かな味わい。

静岡

掛川(かけがわ)茶

飲みやすさを追求して深蒸し製法を開発

県の西部に位置する掛川市は、深蒸し煎茶の発祥の地のひとつ。

温暖な気候によって葉が厚く育つため、掛川茶はかつて苦味が強いことが難点とされていた。そこで、まろやかさを引き出す工夫が続けられ、一般的な煎茶より長く蒸す、深蒸し製法が考案されたのだという。たちまち人気となり、現在の掛川茶はこの深蒸し煎茶が主流。

また、掛川茶の産地は伝統の茶草場(ちゃぐさば)農法を受けつぐことでも知られている。これは、茶園の周辺で刈り取ったすすきなどで茶の木の根元を覆い、有機肥料として活用する昔ながらの方法。お茶の味や香りがよくなるとされ、世界農業遺産に認定されている。

新茶の収穫は4月下旬から。

深蒸し煎茶

かごよせ

ヨーロッパの一流シェフやソムリエが審査する、国際品質味覚審査会2017にて、日本茶で唯一3ツ星を獲得。良質な土づくりからこだわった銘茶。

製造 佐々木製茶
品種 やぶきた
価格 100g　800円
問い合わせ先
0537-22-6151
URL http://sasaki-seicha.com/

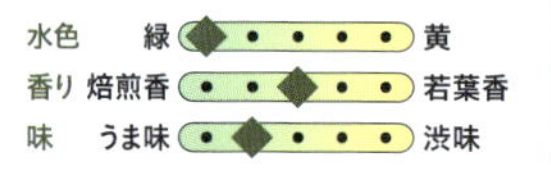

深蒸し煎茶

大雪(だいせつ)

一番茶の前半に収穫した茶を、伝統の深蒸し製法で仕上げた逸品。香り・味・色のバランスにすぐれていて、初心者でもおいしく淹れられると評判。

製造 掛川一風堂
品種 やぶきた
価格 100g　1,000円
問い合わせ先
0537-23-6811
URL http://www.kakegawacha.net/

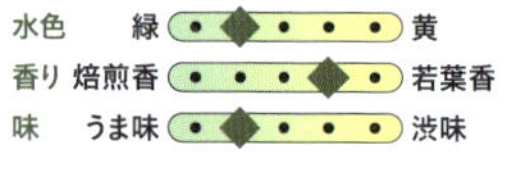

静岡

静岡 天竜茶（てんりゅうちゃ）

手摘みにこだわり高級茶を生産

浜松市の天竜川流域で生産されているお茶。ここは古くから高級茶の産地として知られている。川を挟んだ傾斜地で栽培される茶は、山間地ならではの爽やかな香味が特徴だ。

手摘みによって状態のよい新芽だけを選び、普通蒸し煎茶として本来の風味を引き出している。

煎茶

山育ちのお茶（やまそだちのおちゃ）

有機肥料を使ったり、夏の間は土を乾燥させないように草を敷きつめておくなど、土づくりにこだわった高級煎茶。すがすがしい味と強い香りが特徴。

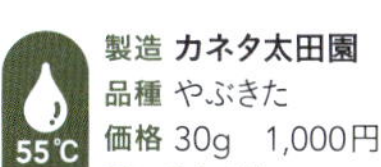

製造 カネタ太田園
品種 やぶきた
価格 30g　1,000円
問い合わせ先
053-928-0007
URL http://www.otaen.jp/

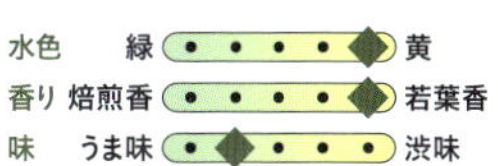

静岡 本山茶（ほんやまちゃ）

静岡茶の元祖といわれる山間部の爽やかなお茶

県の中部を流れる安倍川と、その支流一帯にまたがる山間の茶産地でつくられるお茶。

鎌倉時代に、静岡県で最初に茶が栽培されたのがこの地で、古くからの産地としても有名だ。江戸時代には、徳川家御用達にもなった香り豊かな茶は、普通蒸し煎茶に仕上げる。

煎茶

安倍川緑（あべかわみどり）

かつて徳川家康も味わったといわれる本山茶。かすかな渋味のあと、爽やかな香りが口の中に広がる。普段づかいにはもちろん、おもてなしにもおすすめ。

製造 JA静岡市茶業センター
品種 やぶきた
価格 100g　1,000円
問い合わせ先
054-272-2111
URL http://www.ja-shizuoka.or.jp/shizuoka/chagyo/

水色 緑 黄
香り 焙煎香 若葉香
味 うま味 渋味

静岡

清水のお茶

地域ごとの風味を楽しむ伝統の煎茶

県の中部の旧清水市（現静岡市清水区）を中心に生産されているお茶。鎌倉時代、栄西禅師が中国から持ち帰った茶の種を、明恵上人が全国6カ所に広めたうちの1カ所が、清水区の清見寺付近とされる。

江戸時代には「駿河の清見の茶」が東海道の名物になり、明治時代になると清水港から直接、海外に向けて輸出され、ますます茶栽培が盛んになった。

生産のメインは煎茶。清水のお茶は生産地が南北に広がっているため、地域ごとに香りや味に違いはあるが、針のような形状と黄金色の水色が特徴。

なかでも両河内と呼ばれる興津川上流域の山間地は、静岡でも有数の銘茶どころとして知られる。駿河湾に近い日本平周辺は、清水のお茶のなかでもっとも南の生産地で、4月中旬から一番茶の収穫がはじまる。

桜の葉のような香りがする、不思議な品種「静7132」。

煎茶

幸せのお茶 まちこ

70℃
1分

製造 JAしみずアンテナショップきらり
品種 静7132
価格 40g　500円
問い合わせ先
054-365-1600
URL http://www.ja-shimizu.org/kirari

水色	緑	・・・◆・	黄
香り	焙煎香	・・・◆・	若葉香
味	うま味	◆・・・・	渋味

清水のお茶の里ならではの品種を使用した、個性的な煎茶。桜の葉やよもぎと同じ香り成分クマリンが含まれているため、ひと口飲むとほんのりと桜葉の香味が広がり、幸せな気持ちにさせてくれる。

静岡 朝比奈（あさひな）玉露

山間部の寒冷な傾斜地は玉露づくりが主流

県の中部の藤枝市岡部町は、玉露の生産が盛んな地域。玉露の栽培では、茶を摘採する直前の20日間は日光を遮断して育てるが、朝比奈玉露の産地では、「菰（こも）」と呼ばれるわらで茶園を覆う、昔ながらの方法も受けつがれている。わらにはミネラル成分が含まれ、香りのよい玉露になる。

玉露

朝比奈玉露

玉露の持ち味とされる、甘味・渋味・苦味がバランスよく調和した逸品。舌に広がる豊かなうま味と、鼻をくすぐる独特の覆い香を堪能できる。

製造 JAおおいがわ
品種 やぶきた
価格 45g　1,000円
問い合わせ先
054-667-0712
URL http://www.gyokuronosato.jp/

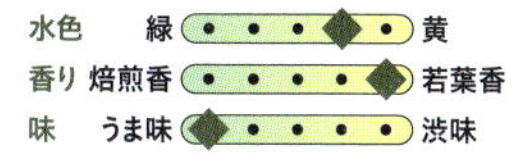

静岡 遠州森（えんしゅうもり）の茶

山間地でつくる深蒸し製法の上品なお茶

静岡県の北西部に位置する山間地で、古くから交易の町として栄え、遠州の小京都といわれる森町。ここでつくられるお茶は遠州森の茶と呼ばれている。

1年中、気候が穏やかで日照時間が長いため、コクのあるお茶に育ち、深蒸しで仕上げた煎茶は、全国で人気がある。

深蒸し煎茶

森（もり）の粋（すい）

明治元年創業の老舗が誇る高級茶。4月下旬から八十八夜にかけて収穫した若芽を、茶の匠が丁寧に仕上げている。旬ならではのみずみずしい香り。

水色 緑 黄
香り 焙煎香 若葉香
味 うま味 渋味

静岡

近畿地方

宇治を中心に高級茶を多く栽培

宇治茶

P.68

- 瑞縁
- 紫雲
- 成里乃
- 宇治玉露 甘露
- 雅の白
- 萬葉の昔
- 園主の選

京番茶

P.73

- 京ばん茶

朝宮茶

P.74

- 朝宮茶
- 朝宮の粋

土山茶

P.75

- 土山茶

大和茶

P.76

- かぶせ茶
- 自然農法 冠茶

滋賀県

奈良県

丹波茶
P.78
・すわみどり

母子茶
P.79
・煎茶 緑ラベル

月ヶ瀬茶
P.75
・特上 かぶせ茶

川添茶
P.77
・霧の精

近畿地方では、京都府を中心に古くからお茶づくりが行われてきた。とりわけ宇治茶は鎌倉時代から高級茶として知られ、栽培法や製茶法において各地に影響を与えた。

宇治茶のほかにも、805年に最澄が伝えたとされる滋賀県の朝宮茶、806年に弘法大師が伝えたとされる奈良県の大和茶も歴史が古く、こちらも今なお銘茶として人気を誇っている。

また、和歌山県の川添茶や兵庫県の母子茶など、地元で古くから飲みつがれているお茶も多い。小さいながら伝統のある産地が残っているのも、近畿地方の特徴だ。

京都

宇治茶

上質な抹茶で知られる歴史的な茶産地

京都府の南部に位置する宇治市とその周辺で生産されている宇治茶。豊かな自然に恵まれた地域で育まれ、古くから日本を代表する茶どころとされてきた。

宇治茶の栽培がはじまったのは鎌倉時代のことだが、室町時代に3代将軍・足利義満が宇治に茶園を開いたことから、銘

手挽き臼で挽く抹茶。

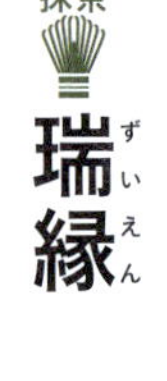

抹茶

瑞縁

製造 福寿園
品種 さみどり
価格 20g　4,000円
問い合わせ先
0774-86-2756
URL http://shop.fukujuen.com/

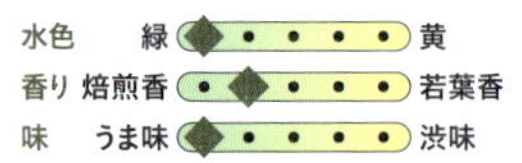

熟練した技術者が、昔ながらの茶臼で挽き上げた、濃茶に向く宇治抹茶。上質な覆い香を余すことなく引き出した逸品は、洗練された雅な味わい。

近畿

茶として全国に知られるようになったという。現在、日本各地に伝わる製茶の技術も、宇治茶の製法にならったものが多い。

1738年に、宇治の茶農家・永谷宗円が、火力で茶を乾燥させながら、手で揉んで仕上げるという手揉み製法を開発した。これが、現在の煎茶づくりの礎となった。

茶園をよしずやわらで覆って遮光する被覆栽培でつくられた玉露も、そのおよそ100年後に、宇治で開発されたものだ。

現在の宇治茶は、碾茶と玉露の生産が中心となっているが、市外の山間部では煎茶もつくられている。なかでも有名なのは、碾茶を原料とする抹茶。生産量の多さより品質のよさを重視しているため、高級な碾茶や玉露用には手摘みの一番茶が使われる。

新茶の収穫は5月上旬から。

室町時代、足利義満が指定した七名園のひとつ「奥の山」茶園。

近畿

玉露

紫雲（しうん）

55〜65℃

90秒〜2分

製造 丸久小山園
品種 ごこう、こまかげ、うじひかり
価格 100g　3,000円
問い合わせ先
0774-20-0909
URL http://www.marukyu-koyamaen.co.jp/

水色	緑	● ● ◆ ● ●	黄
香り	焙煎香	● ● ◆ ● ●	若葉香
味	うま味	◆ ● ● ● ●	渋味

江戸時代中頃創業の丸久小山園。全国茶品評会で1位受賞など高い品質を誇る。うま味たっぷりの新芽を使った玉露は、覆い香と熟成した甘味が特徴。

抹茶

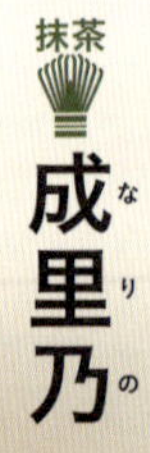

成里乃（なりの）

足利将軍が指定した七名園のうち、唯一現存する茶園のお茶。「成里乃」は宇治茶のルーツともいえる品種で、うま味成分が他品種の2倍ほど含まれる。

製造 堀井七茗園
品種 成里乃
価格 20g　3,000円
問い合わせ先
0774-23-1118
URL http://www.uji-shichimeien.co.jp/

茶道の家元ご用達の明治創業の老舗。

日光を遮ることでうま味を凝縮させる覆下茶園。

抹茶

雅の白（みやびのしろ）

鮮度にこだわり、挽きたてを販売。甘味が強く感じられるため飲みやすく、薄茶では最上級の品質を誇る。京都らしい風情あるネーミングも好評。

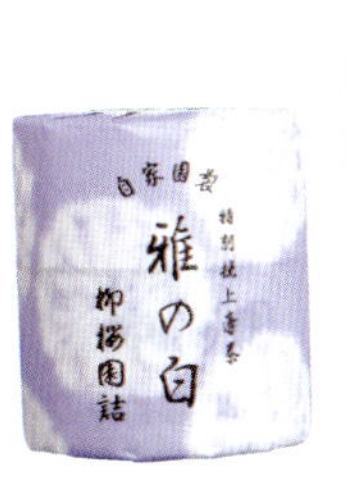

製造 柳桜園茶舗
品種 あさひ、さみどり
価格 40g　2,400円
問い合わせ先
075-231-3693
URL なし

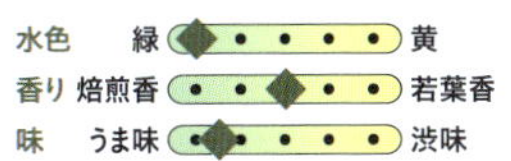

玉露

宇治玉露 甘露（かんろ）

一番摘みのお茶だけを使用した玉露。日本各地の煎茶道家元のお茶会で使われている。茶名の通り、凝縮されたうま味とコク、豊かな香りが広がる。

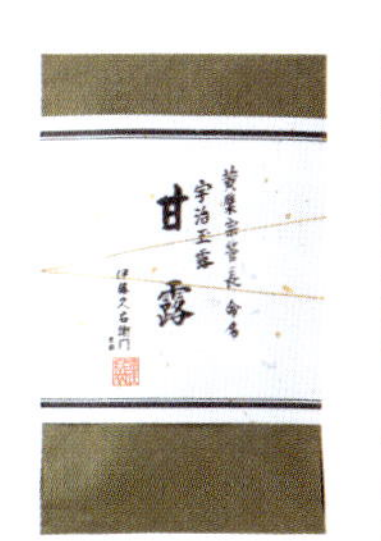

販売 伊藤久右衛門
品種 うじみどり、さみどり、やぶきた、ごこうなど
価格 100g　3,000円
問い合わせ先
0120-27-3993
URL http://www.itohkyuemon.co.jp/

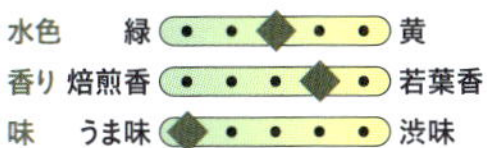

近畿

京都府南山城村の煎茶畑。

香り高い宇治碾茶。これを挽いて抹茶をつくる。

煎茶

園主の選(えんしゅのせん)

園主こだわりの逸品は、うま味成分のテアニンが豊富。甘味・渋味・苦味もバランスよく含まれているため、淹れ方を工夫してさまざまな味わいが出せる。

製造 泉園銘茶本舗
品種 おくみどり、やぶきた
価格 100g　3,000円
問い合わせ先
0774-21-2258
URL http://www.izumien.com/

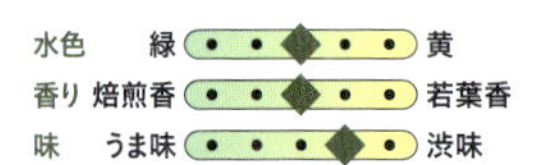

抹茶

萬葉の昔(まんようのむかし)

新芽のみを使用した濃茶用の抹茶。覆い香を損なわないよう焙煎を控えめにし、すがすがしく芳醇な香りが際立つ逸品だ。渋味が少なく、うま味とコクが凝縮。

製造 辻利兵衛本店
品種 あさひ、さみどり、ごこう
価格 20g　1,600円
問い合わせ先
0774-23-1111
URL http://www.rakuten.ne.jp/gold/tsujirihei/

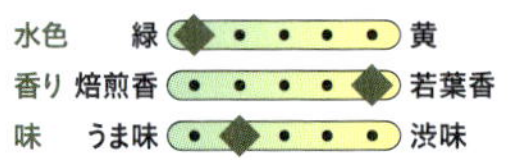

京都

京番茶

普段づかいに親しまれる燻した香りのお茶

京都で日常的に飲まれている炒り番茶を京番茶といい、宇治市を中心に毎年、秋口につくられている。

春に玉露や碾茶用の新芽を摘み取ったあと、残った葉が大きくなってから枝ごと刈り落とし、お茶に仕上げたものだ。一般的な番茶と区別するために、昔は刈り番茶ともいわれていたという。

京番茶の特徴は、葉だけでなく茎や枝も一緒に蒸し、揉まずに乾燥させること。そのため葉の形がそのまま残っており、一見すると落ち葉のような形状をしている。

そして、出荷の直前に高温の鉄釜で炒ることで、独特の煙ったような香ばしさを引き出している。

できあがったお茶はカフェインやタンニンの量が少なく、さっぱりした味わい。低刺激なので子どもからお年寄りまで幅広く親しまれている。

番茶

京ばん茶

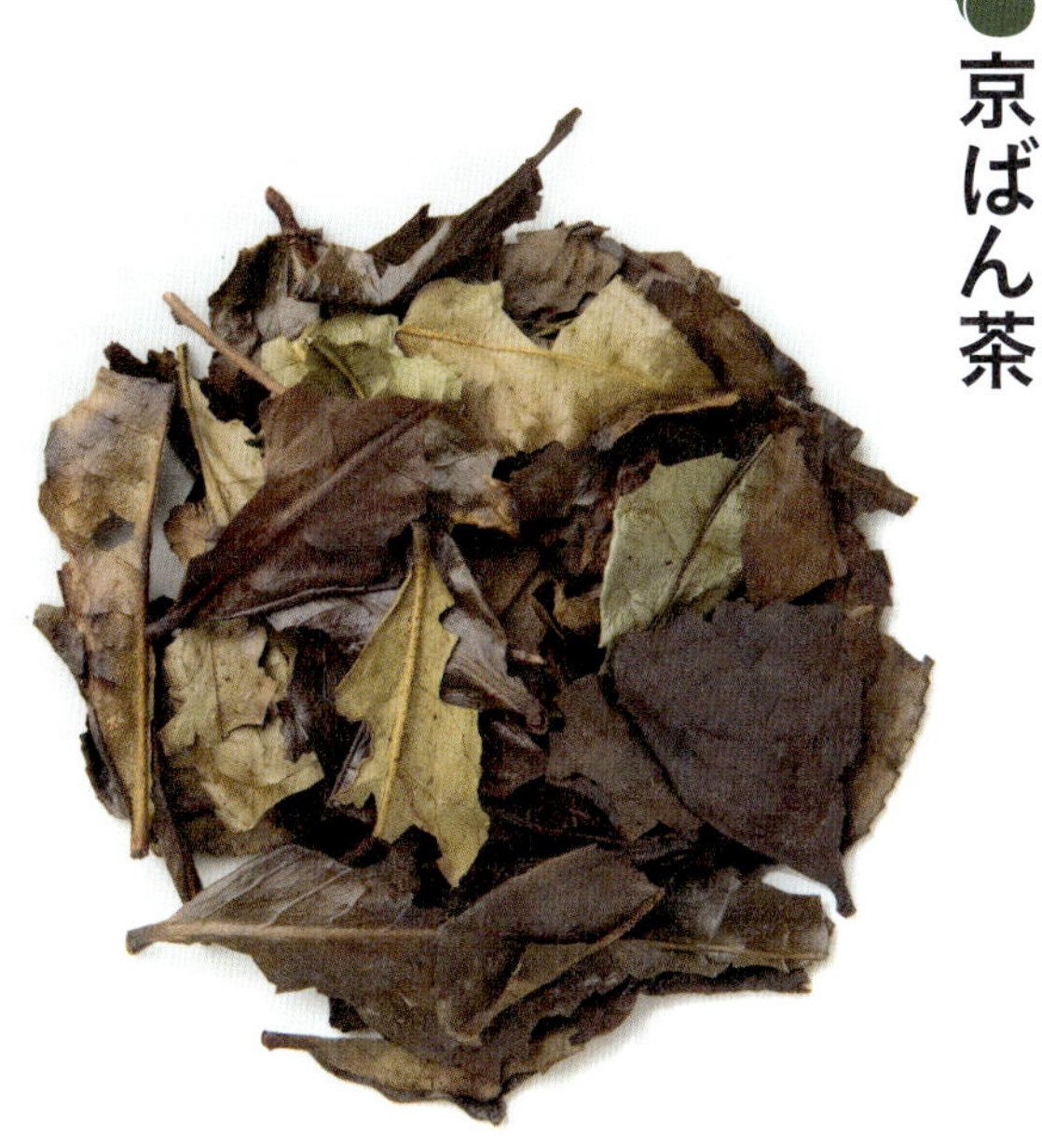

90～100℃
1分

製造 井六園
品種 やぶきたなど
価格 160g　400円
問い合わせ先
075-661-1691
URL http://www.irokuen-tea.co.jp/

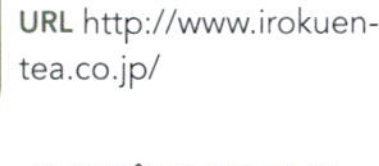

安全・安心にこだわった産地直送のお茶を、昔ながらの京番茶と同じ製法で仕上げている。飲むとくせになる抜群の香ばしさ。

近畿

滋賀 朝宮（あさみや）茶

お茶愛好家に評価される香り高い風味

県の南東部、旧信楽町の朝宮地区で生産されているお茶。

1200年の歴史があり、狭山・宇治・川根・本山と並んで、日本の5大銘茶として知られる。

標高400mの山間地は昼夜の気温差が大きく、霧も多いため茶の栽培に適している。新茶の収穫は5月中旬から。

京都府との県境の山間の斜面でつくられている。

煎茶

朝宮の粋（すい）

特別に管理された茶園で、一芯二～三葉の新芽を摘み取ってつくった一番茶。農薬不使用、有機肥料のみで栽培された茶葉は、味と香りがよいと評判。

70℃
1分

製造 かたぎ古香園
品種 やぶきた
価格 100g　1,500円
問い合わせ先
0748-84-0135
URL http://www.katagikoukaen.com/

水色 緑 ◆ 黄
香り 焙煎香 ◆ 若葉香
味 うま味 ◆ 渋味

煎茶

朝宮茶

山のお茶ならではの清涼感のある香りと上品な甘味が特徴。全国茶審査技術競技大会で受賞歴のある日本茶鑑定士が手がけた逸品。一番茶のみを使用。

70℃
1分

製造 近江製茶
品種 やぶきた
価格 75g　1,000円
問い合わせ先
0748-67-0308
URL http://www.ohmiseicha-shop.com/

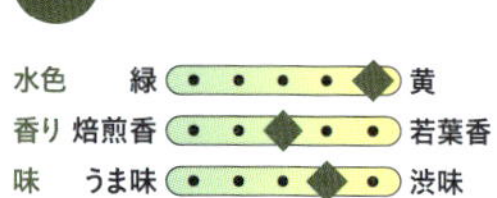

水色 緑 ◆ 黄
香り 焙煎香 ◆ 若葉香
味 うま味 ◆ 渋味

近畿

近畿

滋賀 土山茶（つちやま）

かぶせ茶で有名な伝統ある山のお茶

鈴鹿山麓にある甲賀市土山町は、滋賀県一のお茶どころとして知られている。

起源は1356年頃とされるが、江戸時代から生産が拡大して東海道の名物となり、旅人たちののどをうるおした。山間地でゆっくり育つため、香りと味が濃いのが特徴。

煎茶

土山茶

土山町で収穫された一番茶のなかから、日本茶鑑定士が茶葉を厳選。若い芽の新鮮な香りと、甘味・渋味・苦味がバランスよく調和した味わいが自慢。

70℃
1分

製造 近江製茶
品種 やぶきた
価格 100g　1,000円
問い合わせ先
0748-67-0308
URL http://www.ohmiseicha-shop.com/

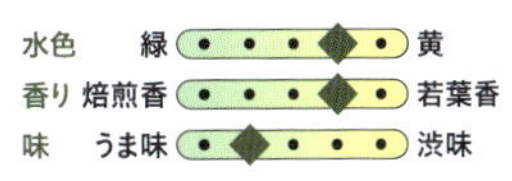

奈良 月ヶ瀬茶（つきがせ）

風光明媚な山里の高品質なお茶

京都府と三重県の県境にほど近い奈良市の月ヶ瀬は高級茶の生産地。月ヶ瀬梅林という古くからの景勝地で、穏やかな気候と水はけのよい土壌に恵まれている。300年前から茶の栽培がはじまったという。

山間の斜面は茶の生育が遅いが、その分栄養たっぷりの良質な茶が育つ。

かぶせ茶

特上 かぶせ茶

新茶の時期、一番に収穫した甘味の強いかぶせ茶。分量の茶に少量の水を注ぎ、10分ほど待ってから適温の湯を注ぐ淹れ方もおすすめ。

70〜80℃
1分

製造 グリーンウェーブ月ヶ瀬
品種 やぶきた
価格 100g　1,300円
問い合わせ先
0743-92-0352（FAX）
URL http://www.gw-tsukigase.jp/

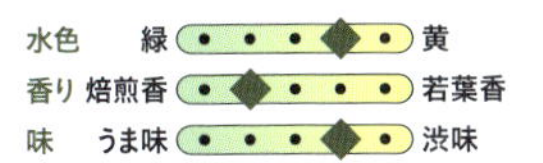

奈良

大和(やまと)茶

高原で育まれた煎茶やかぶせ茶を多く生産

806年、弘法大師が唐より持ち帰った茶の種をまいたのが起源とされる大和茶。県の北東部にある大和高原を中心につくられている。温暖かつ一日の温度差があり、降水量も多い山間地に茶園が広がっている。日照時間が短いので、茶がじっくり育ち、うま味の多いお茶となる。煎茶のほか、かぶせ茶や抹茶の原料となる碾(てん)茶などを生産。

奥には覆いをかけ、かぶせ茶をつくっている茶園が見える。

かぶせ茶

かぶせ茶

新茶を収穫する前の一定期間、寒冷紗などで日光を遮って栽培したかぶせ茶。テアニンが多く含まれるため、うま味が強く感じられる。

製造 大和茶販売
品種 やぶきた
価格 100g　1,200円
問い合わせ先
0743-82-0562
URL http://www.quh.jp/

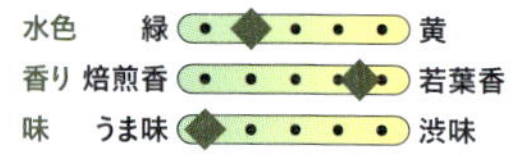

かぶせ茶

自然農法　冠(かぶせ)茶

無農薬の自然農法で栽培。土づくりにもこだわり、根を傷めない自家製のボカシ肥料を使用している。甘味が際立ち、雑味がない洗練された味。

製造 竹西農園
品種 やぶきた、おくみどり
価格 80g　1,400円
問い合わせ先
0742-81-0383
URL http://www.yamatocha.net/

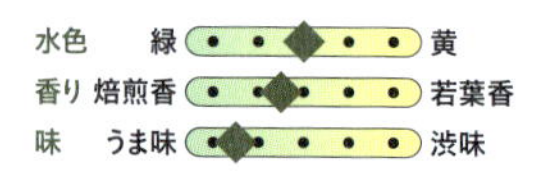

近畿

和歌山 川添茶（かわぞえちゃ）

伝統的な手揉み製法を活かしたお茶

和歌山県の南部を流れる、清流・日置川上流域で生産されるお茶。

昔ながらの手揉み製法で培った技術を機械製茶に活かし、お茶本来の味を引き出す努力が続けられている。手揉み茶のように美しい形状も特徴的だ。

新茶の収穫は4月下旬から。

山の斜面に広大な茶園が広がる。

煎茶

霧（きり）の精（せい）

70℃

50秒〜1分

製造 JA紀南
品種 やぶきた
価格 80g　1,200円
問い合わせ先
0739-25-4611
URL http://www.ja-kinan.or.jp/

水色　緑 ● ● ● ◆ ● 黄
香り　焙煎香 ● ● ● ◆ ● 若葉香
味　うま味 ● ● ◆ ● ● 渋味

独特の甘味とまろやかな香りがあり、水出しでもおいしく飲めるのが特徴。

近畿

兵庫

丹波茶（たんばちゃ）

丹波の山間地に広がる県内有数のお茶どころ

県の中東部にある、丹波篠山地域で生産されるお茶。その歴史は長く、1200年前の『日本史略』という文献に、すでに記録が残っている。江戸時代には、上方でのお茶の消費の半分をまかなっていたという大きな茶産地だった。

ここは茶の産地としては平均気温が低く、昼夜の寒暖差が激しい。そして「丹波霧」と呼ばれる濃霧が昼近くまで垂れ込め、日光を遮る。そのため茶の成長がゆっくりとなり、アミノ酸などを豊富に蓄えながらおいしい茶に育つ。

この地では、飛鳥時代から日本古来の茶が栽培されていたという。

煎茶

すわみどり

製造 諏訪園
品種 やぶきた
価格 200g　723円
問い合わせ先
079-594-0855
URL http://www.suwaen.cc/

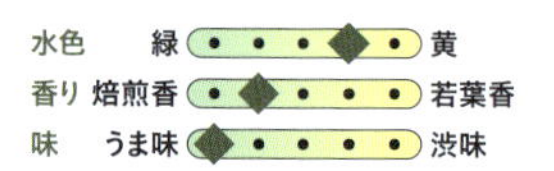

自社農園で栽培された丹波茶のみを使用。軽やかな芳香が心地よく、幅広い世代に好まれる味わい。爽やかな味わいは食後の1杯にもおすすめ。

兵庫 母子茶（もうし）

寒暖差の大きい六甲山麓にある茶の産地

兵庫県の南東部、三田市の最北に位置する母子地区。約600年前、この地の僧侶が中国から茶の種を持ち帰ったことから、茶の栽培がはじまったと伝わる。

標高500mの冷涼な傾斜地で、霧が多く発生する、お茶づくりに適した地。煎茶を中心に生産している。

宇治茶が運ばれた御茶壺道中

江戸時代には毎年、将軍家ご用達の宇治茶を江戸まで運ぶ「御茶壺道中」という慣わしがあり、1613年にはじまったとされる。これは、空の茶壺を携えた一行が江戸から京都へ向かい、宇治で茶詰めを終えたあと、途中、茶壺を山梨県の谷村に置いて夏季を過ごさせ、江戸に戻るというもの。将軍の通行に準じるほど権威のある儀式だったという。

この様子を歌にしたものが、わらべ歌「ずいずいずっころばし」に出てくる「茶壺に追われてトッピンシャン、抜けたらドンドコショ」という歌詞だ。御茶壺道中が来たときの緊張感と、通り過ぎたあとのほっとした気持ちが表現されている。

10月下旬に開催される駿府お茶まつりでは、江戸時代の衣装をまとった行列が御茶壺道中を再現。

煎茶

煎茶 緑ラベル

土づくりから製造まで一貫した工程でつくられた、母子茶100％の煎茶。残留農薬が極めて少ないことを示す「ひょうご安心ブランド」に認定されている。

製造 茶香房きらめき
品種 やぶきた
価格 80g　500円
問い合わせ先
079-566-1166
URL http://www.kirameki-cha.com/

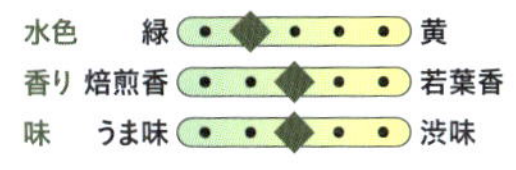

近畿

和菓子ミニ図鑑❷

干菓子 歳時記

四季を象徴するさまざまなモチーフが、色とりどりに再現される干菓子。小ぶりでかわいらしい干菓子の世界を堪能したい。

春

かぶと
（落雁）

桃の花
（落雁）

花吹雪
（押し物）

蝶々
（干錦玉）

夏

つばめ
（干錦玉）

朝顔の葉
（生砂糖）

あじさい
（生砂糖）

金魚
（落雁）

主な干菓子の種類

落雁（らくがん）

落雁粉に蜜を混ぜ木型に打ち出した菓子。明の時代、中国の菓子南落甘（なんらくかん）から転じたとされる。室町時代には茶席の定番菓子となった。

和三盆（わさんぼん）

粒が細かく、やや黄がかっている砂糖。きめ細やかで口どけが良い。徳島県や香川県に残る独特の伝統製法でつくられる。

干錦玉（ほしきんぎょく）

寒天と砂糖を煮詰めて、型に流し抜き型で抜いたあと、焙炉の中で表面を乾燥させたもの。表面はシャリっと、中は寒天のようにやわらかい。

すり琥珀（こはく）

干錦玉の工程の途中ですり蜜を加え、白濁させた菓子。

州浜（すはま）

大豆を煎って挽いた州浜粉に、水あめを混ぜた半生菓子。

生砂糖（きざと）

砂糖と寒梅粉（餅の加工粉）の混合粉に、水を入れ型抜きをして乾燥させたもの。薄くて硬く、パリパリとした食感。

削種菓子（そぎだねがし）

餅種煎餅（米を生地とした煎餅）を薄く削いだ生地に、あんや羊羹などをはさんだ菓子。

押し物（おしもの）

寒梅粉と砂糖を混ぜ、木型で押し固めてつくる。水分がやや多めで、口の中でじわっと優しく溶ける口当たり。

撮影協力／甘春堂
江戸時代の創業以来、6代続く京菓子の老舗。素材にこだわり、昔ながらの製法を受け継ぐ、伝統の和菓子をそろえる。
◆ **甘春堂 本店**　京都府京都市東山区東川端通正面下る上堀詰町292-2

中国・四国地方

個性豊かなお茶を栽培

中国・四国地方は生産量こそ多くないものの、豊かな自然のもとで個性あふれるお茶づくりが受けつがれている。

なかでも高知県では、清らかな水に恵まれた寒暖差のある山間部を中心に、力強い味と香りを持つ茶が栽培されている。

また最近では一般的な煎茶のほか、発酵させてつくる碁石茶など昔ながらの少量生産のお茶にも注目が集まっている。

岡山県では美作番茶をはじめとする番茶づくりもさかん。徳島県には阿波番茶や寒茶という珍しいお茶がある。地域に根づいた小さな産地の存在はとても興味深い。

出雲茶

➡ P.87

- 出雲茶 極

富郷茶

➡ P.90

- 富郷茶

新宮茶

➡ P.91

- 月の雫
- 深山の月

小野茶

➡ P.87

- 翠泉

土佐茶

➡ P.92

- 池川一番茶 霧の贅
- 別製かりがね くき茶
- 池川一番茶 土佐炙茶
- 琥珀

碁石茶

- 碁石茶

➡ P.95

島根県
広島県
山口県
愛媛県
高知県

岡山 海田茶

天日干しでつくる香ばしい番茶が人気

岡山県を代表する茶どころとして知られている美作市海田地区。北部には中国山系の緑が広がり、中央部には吉野川と梶並川の豊かな水流が流れる。温暖な気候でありながら昼夜の寒暖差が大きいことも、よいお茶が育まれるゆえん。

この地域では江戸時代から地域産業の活性化を目指してお茶づくりがはじまり、のちに煎茶の栽培が行われるようになったという。現在は「美作番茶」と呼ばれる番茶が有名だ。

美作番茶がつくられるのは7月中旬から8月中旬頃で、枝ごと刈り取った茶でつくられる。

まずは生葉を大きな鉄鍋で蒸し煮にし、むしろの上に茶を広げたら、煮汁をかけて天日干しにするのが特徴。あめ色になったお茶は香ばしく、郷土色のある番茶として人気がある。

枝ごと刈り取った茶は、まず、昔ながらの鉄鍋を使って蒸し煮する。

番茶

天日干し 美作番茶

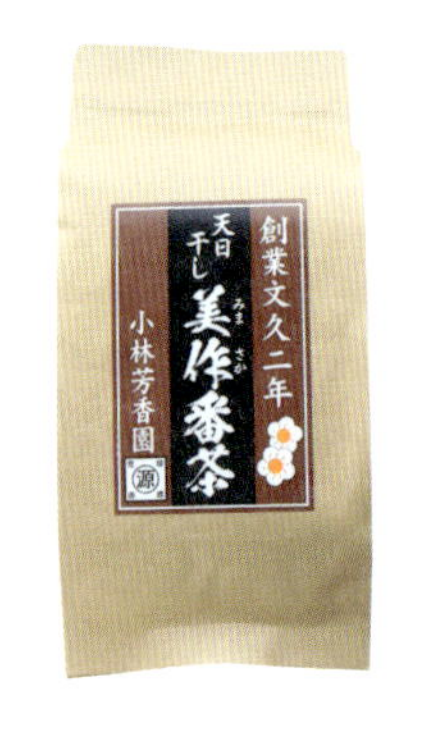

100℃
1〜2分

製造 お茶の芳香園
品種 在来種
価格 100g 600円
問い合わせ先
0868-72-0350
URL http://www.ocha-mimasaka.com/

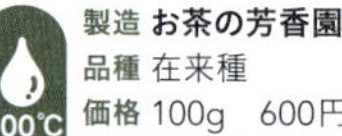

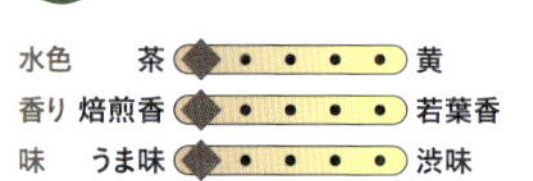

古くからの天日干しの製法でつくり続けられている番茶。やかんで1〜2分ほど煮出すと、きれいなあかね色の水色に。香ばしく、まろやかな味わい。

中国・四国

鳥取

大山(だいせん)茶

地域が一体となり有機農法を実践

日本の名峰のひとつ、大山の山麓に広がる丘陵地で生産されているお茶。県の中西部に位置するこの一帯は、鳥取県で最大の茶産地だ。

鳥取県は山陰地方のなかでも雪が多いため、茶を生産する地域は少ない。そんななかで、大山町では山間地ならではの気候と清らかな森の水を活かし、約30年前に茶の生産をはじめた。

「安全で安心なものを提供したい」という考えのもと、生産をはじめたときから無農薬、有機農法を取り入れているのが大きな特徴。肥料も良質なものを与え、土壌そのものをよくしようとする努力が続けられている。

手間ひまをかけて育てられた茶は、煎茶のほか、ほうじ茶、番茶、和紅茶などに製茶され、茶どころの少ない県内や近県からの人気を集めている。

新茶の収穫は5月上旬から。

茎茶

大山みどり 抹茶入白折(しらおれ)

80℃
1分

製造 長田茶店
品種 やぶきた
価格 80g 572円
問い合わせ先
0120-475-023
URL http://www.nagatachamise.jp/

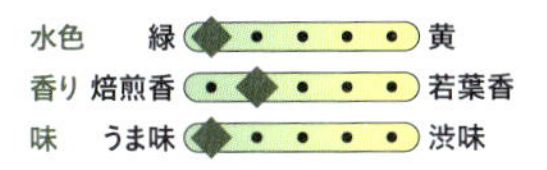

山陰地方では茎茶に抹茶を加えた白折茶がよく飲まれる。米子市の老舗・長田茶店の白折茶は、陣構地区で有機栽培した上質な茎茶を使った上級品。

中国・四国

鳥取

用瀬(もちがせ)茶

江戸時代から続く因幡地方のお茶どころ

流し雛の里として知られる、鳥取市用瀬町では古くから自家用の番茶がつくられており、1853年頃から産業として茶の栽培が盛んになった。

明治時代には海外への輸出も行われたという。現在は煎茶やほうじ茶を中心に、丁寧なお茶づくりが受けつがれている。

名峰・大山をのぞむ茶園。

煎茶

千代(せんだい)みどり

用瀬茶の生産地で唯一、製茶業を営む三角園のこだわりの煎茶。無農薬「特別栽培茶」として、鳥取県の認証を受けている。おもてなし用にもおすすめ。

製造 三角園
品種 やぶきた
価格 80g　736円
問い合わせ先
0858-87-2137
URL なし

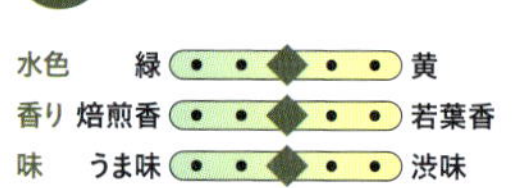

番茶

大山じんがまえ 番茶

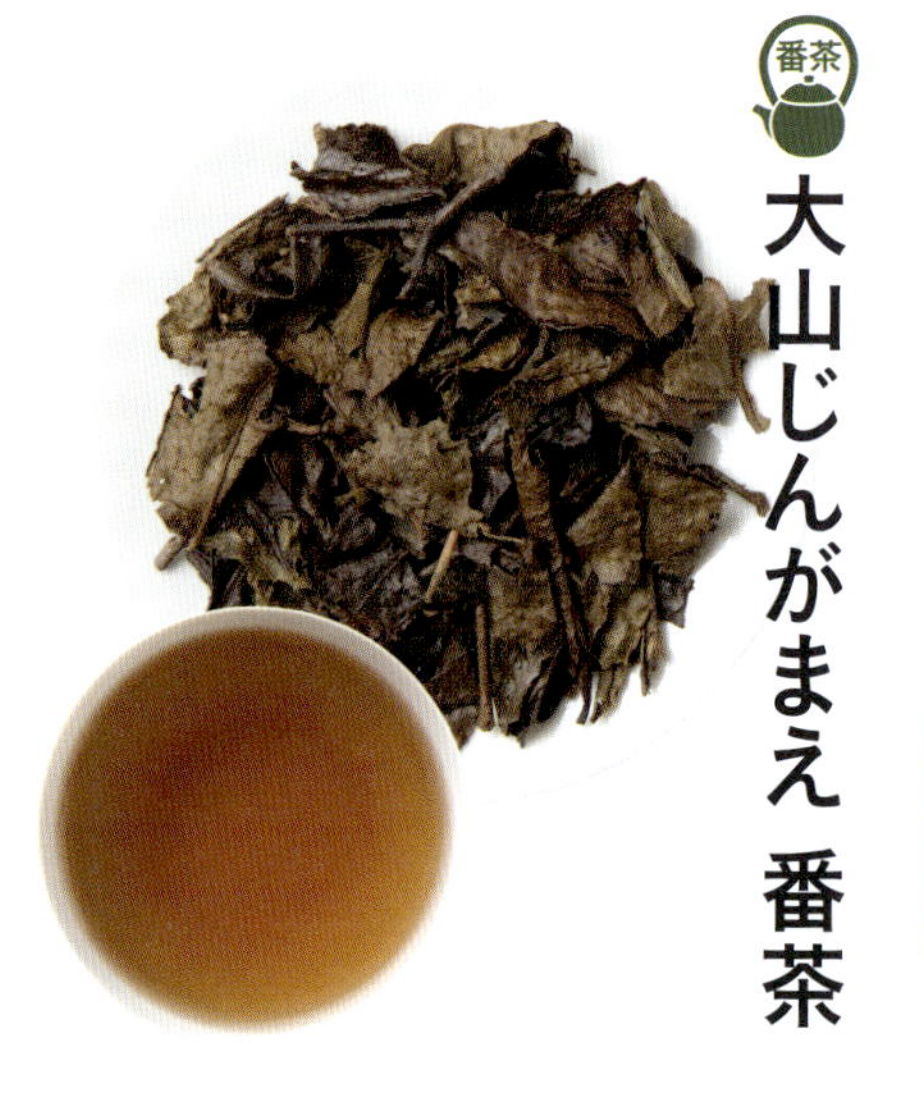

生産のはじまった40年前から、農薬を使わない有機栽培が続けられている陣構地区。和紅茶で知られる地区だが、昔ながらの番茶も人気商品。

製造 陣構茶生産組合
品種 やぶきた
価格 210g　389円
問い合わせ先
0859-54-4292
URL なし

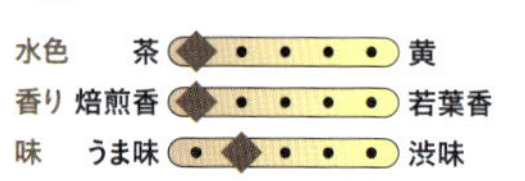

島根 出雲茶（いずもちゃ）

伝統に培われた地域ならではのお茶

出雲松江藩の七代藩主・松平不昧公（治郷）は茶人として知られ、現在でも島根では、日常的にお茶を楽しむ習慣が根付いている。そのため島根県のお茶の消費量は全国有数だ。

古くからの茶どころは、県の東部、出雲平野の斐伊川周辺や、出雲市多久町。新茶の収穫は5月上旬から。

煎茶

出雲茶 極（きわみ）

1907年創業の老舗が誇る煎茶。自社農園で、5月に収穫した茶のみを使用する。2010年から4年連続、県の品評会で最優秀賞を受賞。

45秒

製造 桃翠園
品種 さえみどり、やぶきた、おくみどり
価格 50g 1,000円
問い合わせ先
0853-72-0039
URL http://tousuien.jp/

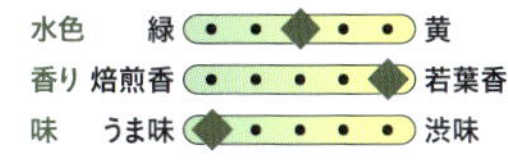

山口 小野茶（おのちゃ）

豊かな自然に恵まれた広大な茶園で生産

県の西部、宇部市の小野地区で生産されているお茶。霧の深い、鷹ノ子山麓に広大な茶園が広がる。

国内最大のカルスト台地、秋吉台を源流に持つ厚東川や、真砂と赤土の混合した土壌が生み出す、味わいの濃い煎茶が主流。新茶の収穫は4月下旬から。

煎茶

翠泉（すいせん）

昭和40年代に造成された100haの大茶園。

苦味や渋味、甘味が濃厚な一番茶で、小野茶の特徴がしっかり味わえる。

70℃
1分

製造 山口茶業
品種 やぶきた
価格 80g 1,000円
問い合わせ先
0836-64-2116
URL http://www.onocha.com/

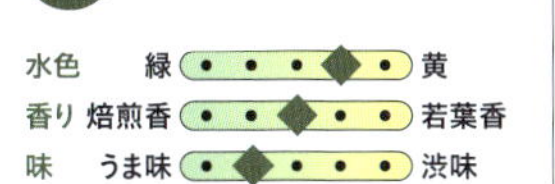

中国・四国

徳島

阿波（あわ）番茶

昔ながらの製法でつくる素朴な味わいが人気

徳島県の山間地に伝わる珍しいお茶で、現在も県の中部の上勝町と、南部の那賀町のみで生産されている。

その歴史は800年ともいわれ、地元では日常的に飲むお茶として親しまれてきた。一般的な番茶とは異なり、一番茶を使用してつくることが特徴のひとつ。ただし、新芽のうちは摘み取らず、夏まで待って茶が成熟してから刈り取る。そのため、「番茶」ではなく「晩茶」と表現されることもある。

製茶法も独特だ。摘み取った茶を一度蒸すか湯がいてから揉んで、やわらかくなった茶を樽の中で1～2週間ほど発酵させ、天日乾燥で仕上げる。

乳酸菌発酵なのでお腹にもやさしく、またカフェインの量も少ないことから、健康茶としての需要も高い。近年は貴重なお茶として注目されている。

後発酵茶

阿波番茶（晩茶）

中国・四国

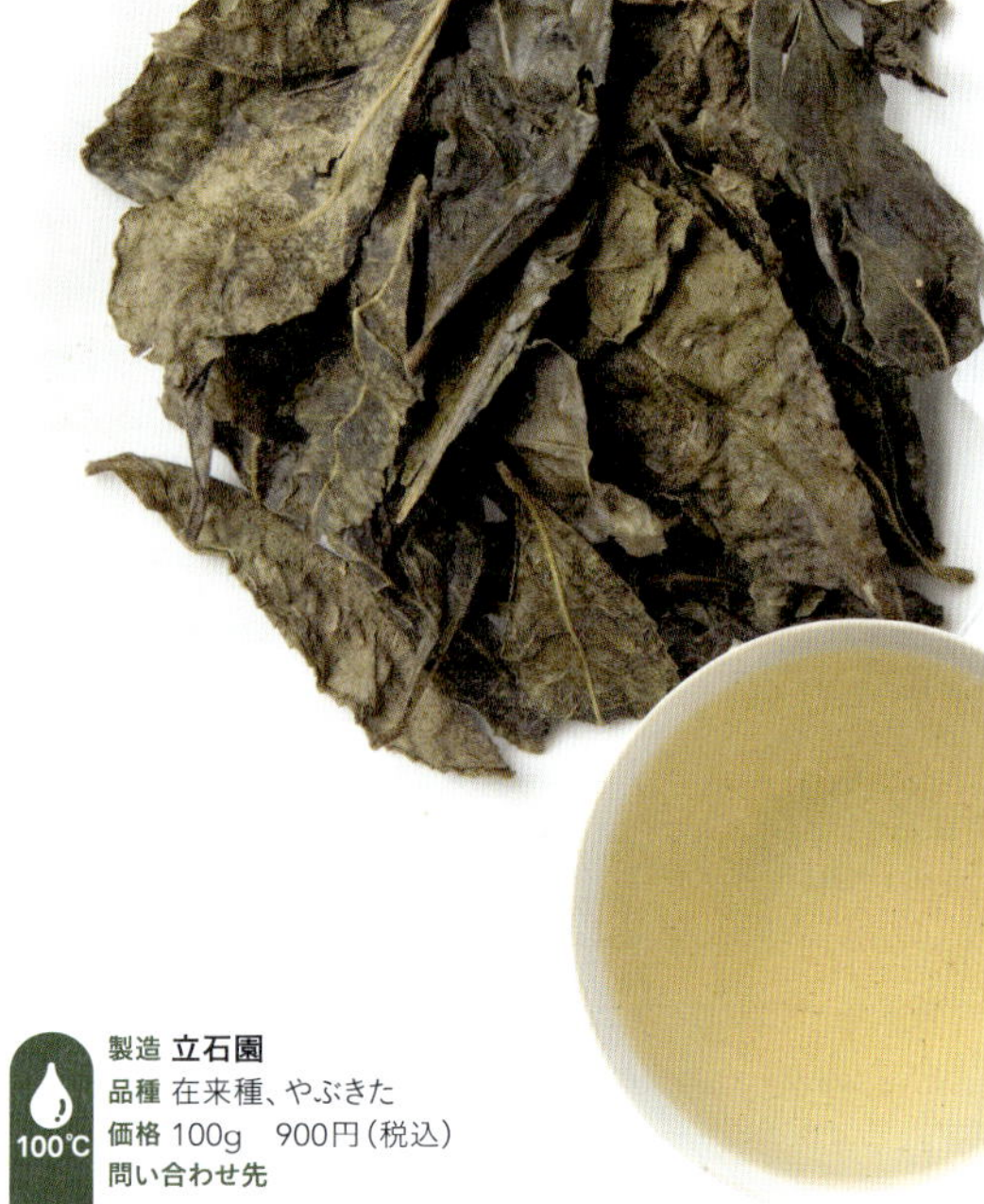

上／7～10日間、重石をのせた樽の中で発酵させる。下／8月のカッと晴れた日に天日に干す。1日でからりと干し上げることがおいしさのポイントだという。

100℃

5分

製造 立石園
品種 在来種、やぶきた
価格 100g　900円（税込）
問い合わせ先
088-622-6468
URL なし

水色 茶 ・・・◆・ 黄
香り 焙煎香 ・・・◆・ 若葉香
味 うま味 ・◆・・・ 渋味

爽やかな香りとともに、発酵由来の酸味をほんのりと感じる。渋味が少なく、さっぱりとした味わいなので、冷やして飲むのもおすすめ。

徳島

寒茶（かんちゃ）

甘味やうま味が凝縮した冬の茶を使用

県の最南端に位置する旧宍喰町一帯で生産されている個性的な番茶。

大寒の時期につくられるため、「寒茶」と呼ばれている。

温暖なこの地域には古くから茶の木が自生しており、かつては農家の主婦が自家用に、自分たちで茶を加工していたという。

そのなかで、寒い時期の茶がおいしいということがわかり、寒茶がつくられるようになった。茶の木は、冬になると防寒のため栄養分をたっぷりと蓄えるため、うま味と甘味が増すのだ。

寒茶づくりでは、無農薬の自然栽培で育った茶を1枚ずつ手摘みで収穫。これを蒸気で蒸して熱いうちに手で揉み、木桶で寝かせたあと、天日干しにする。そのあと再び手で揉んで仕上げる。

カフェインやタンニンが少ない、素朴でやさしい味わいだ。

番茶

かんちゃ

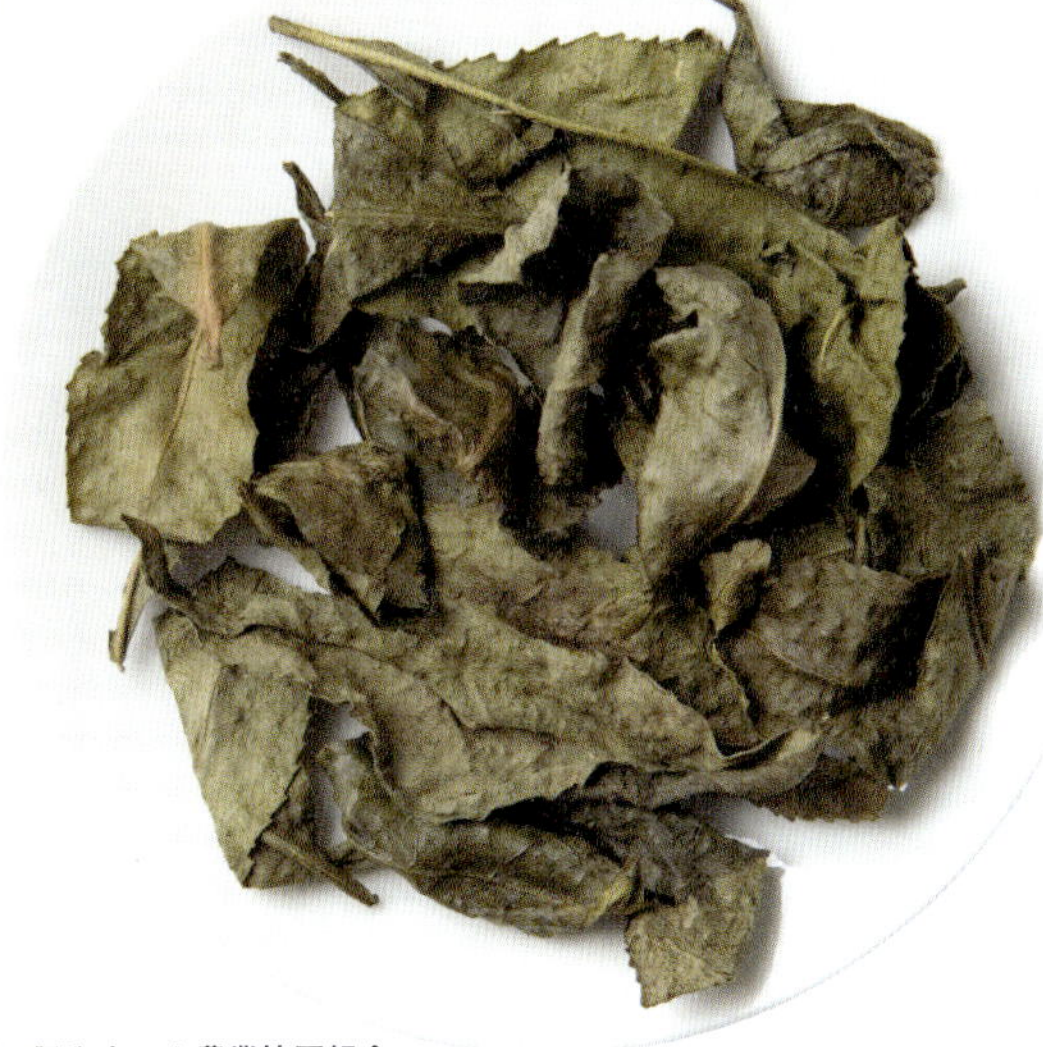

1～3月、寒い時期に行う茶摘み。

100℃
2～3分

製造 かいふ農業協同組合
品種 在来種
価格 50g　680円
問い合わせ先
0884-73-1231
URL なし

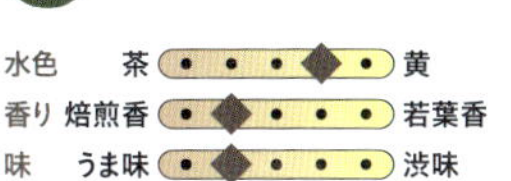

秘境でつくられる、昔ながらの番茶。一年でいちばん寒い時期に摘まれる厚めの生葉には甘味が多い。やさしい水色で、まろやかで甘味のある味わい。

中国・四国

香川 高瀬茶（たかせ）

恵まれた気候で栽培された少量生産の上質茶

県の南西部に位置する三豊市高瀬町で生産されている高瀬茶。

山間の丘陵地に茶園が広がり、温暖な気候に恵まれて、味・色・香りにすぐれた煎茶がつくられている。生産量は少ないものの、知る人ぞ知る銘茶だ。

新茶の収穫は4月下旬からはじまる。

愛媛 富郷茶（とみさと）

朝霧の恩恵を受けた山間の銘茶

四国山地の一端、県東部の四国中央市富郷町でつくられているお茶。朝霧がかかる山間の地は茶の栽培に適し、昭和30年代に、新宮町から譲り受けたやぶきたの苗木からお茶づくりがはじまった。流通量は少ないが、地元で愛される煎茶をメインに生産している。

煎茶

高瀬

山間に、パッチワークのように広がる茶園。

八十八夜の頃に摘んだ茶を使用した、やわらかな甘味がおいしい煎茶。

70℃ 1分

製造 高瀬茶業組合
品種 やぶきた（めいりょくが含まれることもある）
価格 100g　1,000円
問い合わせ先
0875-74-6011
URL http://takasechagyou.jp/

水色　緑 ・・◆・・ 黄
香り　焙煎香 ・・・◆・ 若葉香
味　うま味 ・・◆・・ 渋味

煎茶

富郷茶

清流・銅山川が流れる山間の地で栽培された茶を、組合の製茶工場で丁寧に加工した煎茶。苦味が少なく、素朴な味わい。

60℃ 3分

製造 JAうま
品種 やぶきた
価格 100g　1,030円
問い合わせ先
0896-22-0336
URL http://www.ja-uma.or.jp/

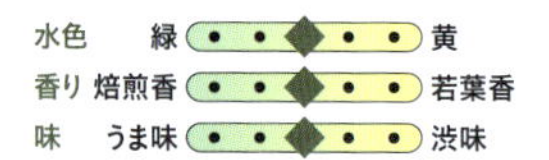

愛媛

新宮茶（しんぐうちゃ）

香り高い四国のお茶どころ

県の東端、四国中央市新宮町の山間地で生産されている。

寒暖差の大きい気候が茶の栽培に適しており、自生していた山茶で、古くから手揉みによるお茶づくりが行われていた。

本格的な生産がはじまったのは1954年、静岡の品種、やぶきたを導入したことによる。難しいとされてきた挿し木による苗木づくりに成功し、生産が拡大した。

この地域の土には、お茶の香りをよくするという緑泥片岩が含まれており、ここでつくられる新宮茶は香り日本一と称される。

現在は、地域一帯で無農薬栽培を実践し、香り豊かな煎茶を中心に生産している。

やぶきた導入に尽くした脇久五郎の銅像。

煎茶

月の雫（つきのしずく）

新宮茶の創始者・脇久五郎の技術と志を受けつぐ茶園の極上煎茶。香りの高さで知られている。やや薄めの澄んだ水色で、上品な渋味をもつ。

50℃
3分

製造 脇製茶場
品種 やぶきた、あさつゆ
価格 100g　2,000円
問い合わせ先
0896-72-2525
URL http://www.waki-tea.co.jp/

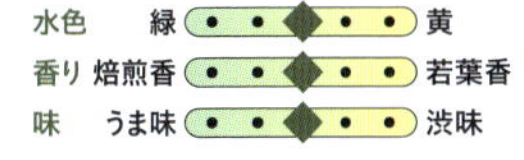

煎茶

深山の月（みやまのつき）

朝晩の温度差が大きい山間の地ならではの、風味豊かなお茶。地域全体で無農薬栽培に取り組んでいる安全なお茶は、町いちばんの自慢。

製造 JAうま
品種 やぶきた
価格 100g　800円
問い合わせ先
0896-24-2311
URL http://www.ja-uma.or.jp/

水色 緑 黄
香り 焙煎香 若葉香
味 うま味 渋味

中国・四国

土佐茶（高知）

全国で認められる高い品質の山のお茶

高知県で生産されるお茶全体を「土佐茶」と呼んでいる。

古くから山茶と呼ばれる茶の木が自生していたように、高知県の山間部は、茶の栽培に適した環境。江戸時代にはすでにお茶づくりがはじまっていたという。生産地の多くは仁淀川、四万十川といった大きな川の上流域にあり、山の急斜面に茶園が広がっている。

山間地で育つ土佐茶は、日照時間が少なく、川がもたらす朝霧の影響で、苦味が少なく、香り豊かなお茶に仕上がる。全国的にも評価が高い。

これまでは生産量の8割近くが静岡県などに出荷され、高級茶のブレンド用であったが、近年、土佐茶として出荷される製品が増えてきている。

生産のメインとなっているのは煎茶だが、蒸し製玉緑茶や番茶、ほうじ茶などもつく

煎茶

池川一番茶 霧の贅

製造 池川茶業組合
品種 やぶきた
価格 100g 1,000円
問い合わせ先
0889-34-3877
URL http://www.ikegawacha.jp/

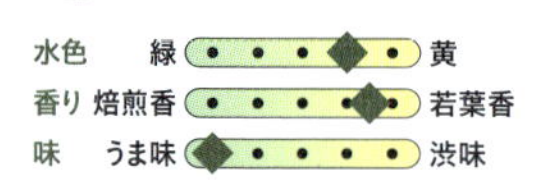

県北西部の山里・仁淀町は、高知県の茶どころ。仁淀川がもたらす朝霧が育んだお茶は、香り豊かな煎茶となる。「霧の贅」は一番茶使用の上級煎茶。

られ、2013年には「土佐炙茶（とさあぶりちゃ）」という、新しいほうじ茶のブランドが誕生し、注目されている。
新茶の収穫は4月下旬から。

清流として知られる仁淀川沿いに広がる茶園。

ほうじ茶

池川（いけがわ）一番茶 土佐炙（あぶり）茶

土佐茶の新ブランド「土佐炙茶」。県産100％の荒茶を炙ったお茶で、香ばしくもキレのある味わい。厳正な審査の元に認証される。

製造 池川茶業組合
品種 やぶきた
価格 100g　500円
問い合わせ先
0889-34-3877
URL http://www.ikegawacha.jp/

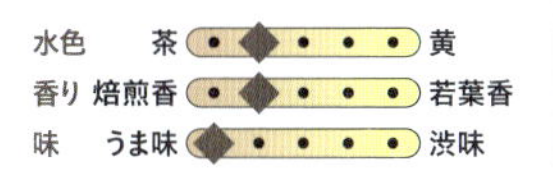

茎茶

別製（べっせい）かりがね くき茶

高知市街地に店を構える、創業80年余りの若草園。一番茶のみを扱い、茎茶も県内産の一番茶の茎が使われている。爽やかで香ばしいあと味が特徴。

製造 若草園
品種 やぶきた
価格 100g　740円
問い合わせ先
088-823-2962
URL http://www.wakakusaen.com/

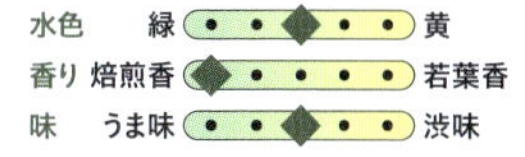

お茶に浮いているほこりのようなものは何？

淹れたお茶の液面をよく見ると、ほこりのようなものが浮いていることがある。これはほこりではなく毛茸（もうじ）といって、若くて柔らかい茶の裏に生えている、うぶ毛のようなもの。上級のお茶ほど若い芽が使われているので、お茶の液面にこのような白い毛が浮いているほうが、実は品質のよいお茶ということになるのだ。

毛茸は、成長が進んで硬くなった茶には生えていないので、摘採したときの茶の成長度を推測することもできる。これからお茶をいただく際には、お茶の液面に注目してみるのもおもしろそうだ。

もし、訪問先でうぶ毛の浮いたお茶が出てきたら、上級なお茶を淹れてもてなしてくれている証拠だ。

お茶の液面にふわふわと浮かんでいるのが毛茸。上級茶の証なので、そのまま飲んでOK。

うま味を飛ばさないように、細心の注意を払って2度炒りする。

ほうじ茶

琥珀（こはく）

創業95年の土佐茶の老舗が誇る、味自慢のほうじ茶。上級茶葉を2度炒りし、うま味を残す。香りも高く、冷茶にしても味とともに堪能できる。

80〜90℃
30〜40秒

製造 土佐茶工房 森木久次郎商店
品種 やぶきた
価格 100g　1,345円
問い合わせ先
088-831-5599
URL http://www.kyujiro.com/

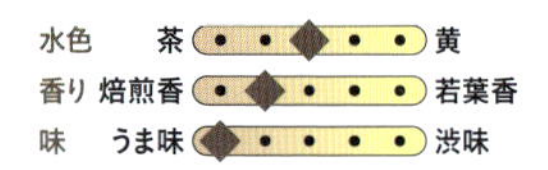

水色　茶 ←→ 黄
香り　焙煎香 ←→ 若葉香
味　うま味 ←→ 渋味

中国・四国

高知 碁石茶

伝統製法でつくる酸味のある後発酵茶

四国山地の中央部、吉野川流域にある大豊町だけで生産される、世界的にも珍しい発酵茶のひとつ。製造中、3㎝角に切り出した茶をむしろに広げて干す様が碁石のように見えることから碁石茶と呼ばれている。

生産の時期は夏。まずは摘み取った茶を蒸し桶で約2時間蒸したあと、ムロに数日間寝かせて発酵させる。発酵が進んだら、桶に入れてさらに発酵させる。その後、茶をほぐさずに切り分け、四角い塊のまま乾燥させるのが特徴だ。

碁石茶の起源ははっきりしないが、江戸時代にはすでに生産がはじまっていたようで、瀬戸内海の島々に出荷されていたという記録が残っている。当時はお茶として飲むよりも、茶がゆを炊くために使われていた。

現在は生産量が少ないため、幻のお茶といわれている。

後発酵茶

碁石茶

上／発酵させた茶を桶で漬け込む。下／漬けて切った茶は天日干しにする。

100℃
7～10分

製造 大豊町碁石茶協同組合
品種 山茶2種とやぶきた
価格 50g 2,800円
問い合わせ先
0887-73-1818
URL http://514.or.jp

水色	茶	◆・・・・・	黄
香り	焙煎香	・・◆・・・	若葉香
味	うま味	◆・・・・・	渋味

植物性乳酸菌から生まれる、甘酸っぱい味わいと香りが特徴。乳酸菌の量はプーアル茶の20倍とされる。砂糖やはちみつを入れてもおいしい。

中国・四国

国内有数の産地がそろう

九州・沖縄地方

気候が温暖な九州地方はお茶づくりがとてもさかんな地域。沖縄県を除く九州7県の生産量は、日本全国のお茶の生産量の4割以上を占めている。

量だけでなく、さまざまなお茶が生産されているのも特徴で、鹿児島県の煎茶をはじめ、福岡県の玉露や碾茶はよく知られている。

また、九州では古くから中国や朝鮮半島との交流がさかんだったことから、釜炒り茶や蒸し製玉緑茶といった独特のお茶文化が伝えられた。こうした伝統が今なお多く受けつがれているのも、九州のお茶ならではの魅力といえる。

耶馬溪茶
P.108
・耶馬溪茶

因尾茶
P.108
・因尾茶 上撰

矢部茶
P.107
・釜炒り矢部茶 まろみ

五ヶ瀬釜炒茶
P.110
・特上 深山の露

やんばる茶
・奥みどり いんざつ
P.115

沖縄県

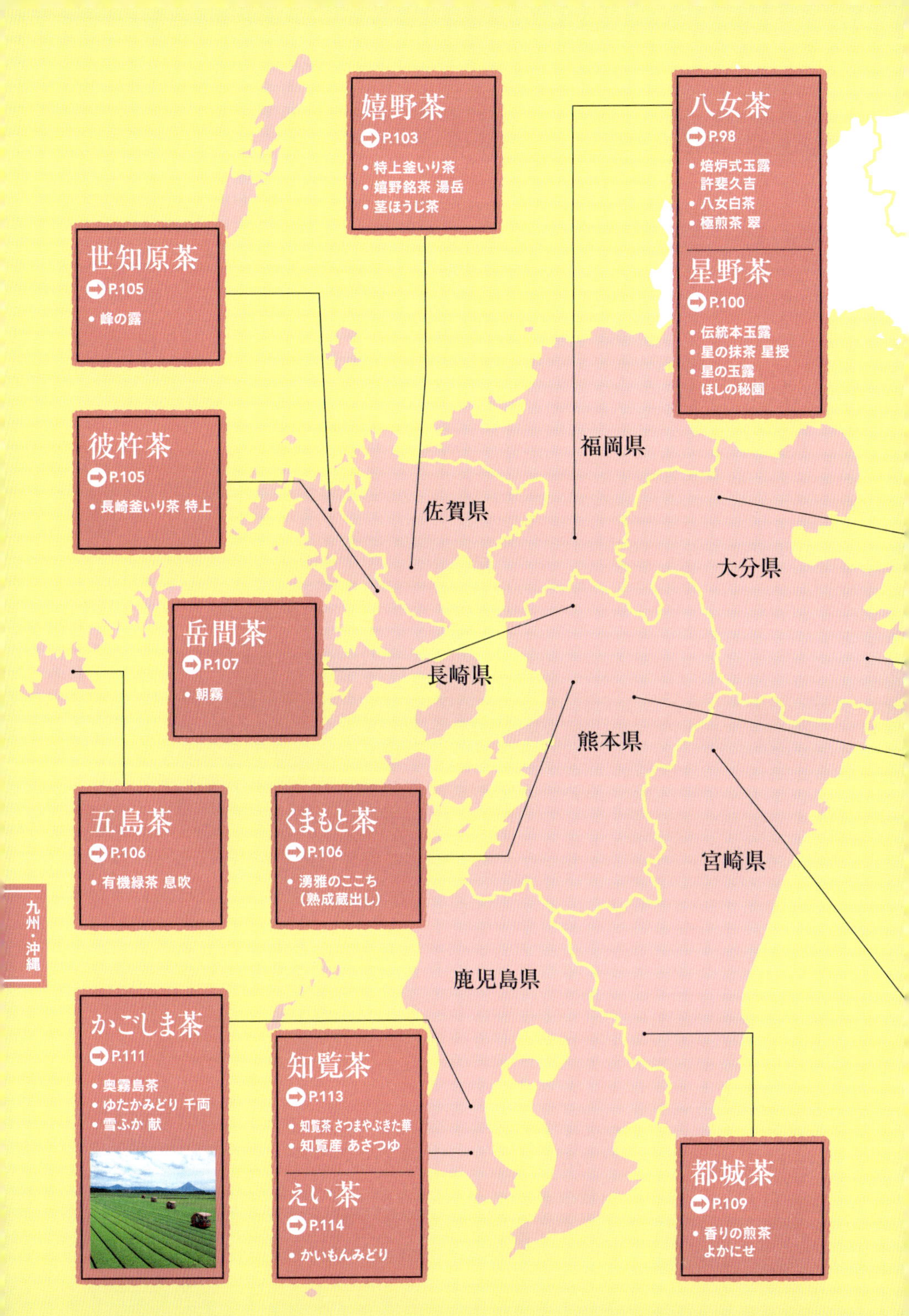

嬉野茶
P.103
- 特上釜いり茶
- 嬉野銘茶 湯岳
- 茎ほうじ茶

八女茶
P.98
- 焙炉式玉露 許斐久吉
- 八女白茶
- 極煎茶 翠

星野茶
P.100
- 伝統本玉露
- 星の抹茶 星授
- 星の玉露 ほしの秘園

世知原茶
P.105
- 峰の露

彼杵茶
P.105
- 長崎釜いり茶 特上

岳間茶
P.107
- 朝霧

五島茶
P.106
- 有機緑茶 息吹

くまもと茶
P.106
- 湧雅のここち（熟成蔵出し）

かごしま茶
P.111
- 奥霧島茶
- ゆたかみどり 千両
- 雪ふか 献

知覧茶
P.113
- 知覧茶 さつまやぶきた華
- 知覧産 あさつゆ

えい茶
P.114
- かいもんみどり

都城茶
P.109
- 香りの煎茶 よかにせ

福岡県

佐賀県

大分県

長崎県

熊本県

宮崎県

鹿児島県

福岡

八女茶（やめちゃ）

筑後平野の南部を占める温暖な茶産地

八女茶とは、県の南東部にある八女市を中心に、筑後市、広川町などで生産されるお茶の総称。その起源は1423年、中国の明から帰国した周端という僧侶が現在の八女市黒木町に寺を建立し、茶の栽培を伝えたのがはじまりとされる。

筑後平野の南を占めるこの一帯は、温暖かつ昼夜の気温差が大きく、矢部川の流域で霧が発生しやすい。上質な茶が育つ条件が揃った土地といえる。

生産の主流は煎茶だが、かぶせ茶および、山間部では玉露が生産されている。とくに玉露は生産量でも全国1位、全国茶品評会では12年連続で農林水産大臣賞の受賞を果たすなど、全国的に知られた存在だ。

新茶の収穫は4月の中旬からはじまり、5月上旬にピークを迎える。

6月中旬には二番茶、温暖な平野部では7月下旬に三番茶も収穫できる環境に

玉露

焙炉式玉露（ほいろしきぎょくろ） 許斐久吉（このみひさきち）

九州・沖縄

焙炉式焙煎作業のようす。炭火を焚き、丈夫な八女和紙の上で丹念に仕上げられる。

製造 このみ園
品種 やぶきた、おくみどり
価格 80g 3,000円
問い合わせ先
0943-24-2020
URL http://www.konomien.jp/

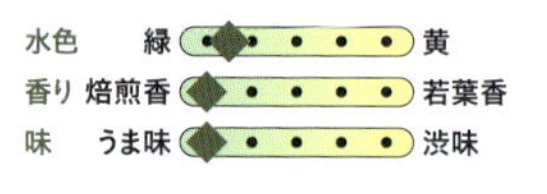

宝永年間創業、八女最古の茶問屋の自慢の玉露。八女茶の原点ともいえる焙炉式焙煎法でつくられた玉露は、焙炉香という昔ながらの香りも楽しめる。

あるが、実際には二番茶で終える茶園がほとんど。こうすることで枝葉が大きく育ち、翌年の一番茶がおいしくなるという。

観光名所ともなっている八女中央大茶園。約65haもある、県内随一の集団茶産地だ。

煎茶

極(きわみ)煎茶 翠(みどり)

標高450mほどの山頂で、30年以上、農薬を使わない茶栽培をしているいりえ茶園の人気商品。うま味と渋味のバランスがよく、あと味はすっきり。

製造 いりえ茶園
品種 さえみどり、やぶきた
価格 100g 1,500円
問い合わせ先
0943-42-0881
URL http://www.irie-chaen.com/

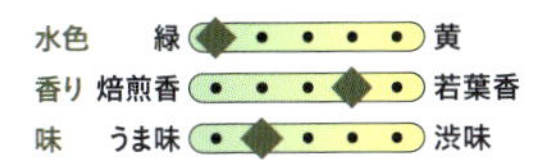

煎茶

八女白(しら)茶

白銀の産毛で覆われた白毫銀針という珍しい中国の白茶を八女産の茶で再現。ほのかな甘味を感じる玉露風の味わい。2煎目もおいしく飲める。

製造 古賀茶業
品種 やぶきた
価格 50g 1,500円
問い合わせ先
0944-63-2333
URL http://www.kogacha.co.jp/

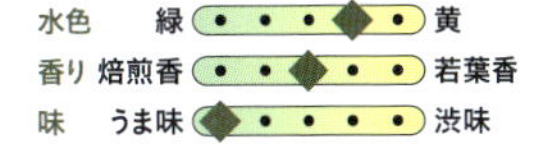

福岡 星野茶

美しい里山でつくられる上質な玉露

八女茶のひとつで、大分県との県境に位置し、八女市のなかでも奥八女と呼ばれる星野地区で生産されている星野茶。この地域で茶の栽培がはじまったのは、800年以上前のこと。中国から茶の種を持ち帰った栄西禅師が、現在の久留米市に寺を開山し、その末寺が星野村にあったことから、栽培方法が伝わったとされる。

星野村の一帯は、標高の高い山地で、星がきれいに見える場所として知られているほど、自然豊かな環境。村のほぼ中央に清流・星野川が流れ、その周辺に茶園が広がっている。こうした地形では朝霧が発生しやすく、冷涼で澄んだ空気にも恵まれていることから、質のよいお茶ができる。

なかでも全国的に有名なのが、昔ながらの栽培方法が受けつがれている玉露。新芽を摘み取る直前の20～30日間、茶園全体を稲わらで覆って日光を遮り、遮光率を細

玉露

伝統本玉露

稲わらで覆われた覆下茶園。

65℃
2分

製造 川﨑製茶園
品種 ひめみどり
価格 50g　2,700円
問い合わせ先
0943-52-2025
URL http://www.mfj.co.jp/kawasaki/

水色 緑 ― 黄
香り 焙煎香 ― 若葉香
味 うま味 ― 渋味

一番茶の収穫前、30日前後稲わらで覆いをして育て、手摘みをした伝統本玉露。GI(農林水産大臣登録第5号)認定商品で、覆い香という、海苔のような風味がある。

九州・沖縄

かく調節しているという。丁寧に育てられたお茶は独特の甘味と芳醇な香りがあり、希少な玉露として人気が高い。

ちなみに八女地域では独自に基準を設け、自然仕立ての茶園で、自然資材で被覆し、丁寧に手摘みしたものを「伝統本玉露」としている。

新茶の収穫は4月下旬から。

星野村の玉露園と煎茶園。玉露園はわらで覆われている。

九州・沖縄

抹茶

星(ほし)の抹茶　星授(せいじゅ)

80℃
なし

製造 星野製茶園
品種 おくみどり、あさひ、さえみどりなど
価格 20g　1,500円
問い合わせ先
0943-52-3151
URL https://www.hoshitea.com/

水色	緑	● ◆ ● ● ● ●	黄
香り	焙煎香	● ● ◆ ● ● ●	若葉香
味	うま味	◆ ● ● ● ● ●	渋味

抹茶に適した品種を厳選し、伝統本玉露製法で育てた最上級茶でつくる。濃茶用だが、薄茶でも楽しめる。茶臼で挽いた抹茶は鮮度感があり、香り高い。

玉露

星(ほし)の玉露 ほしの秘園(ひえん)

星野製茶園の人気商品。うま味、香りともに優れた、伝統本玉露を代表するような上質な玉露。まろやかなうま味で飲みやすく、水出しもおすすめ。

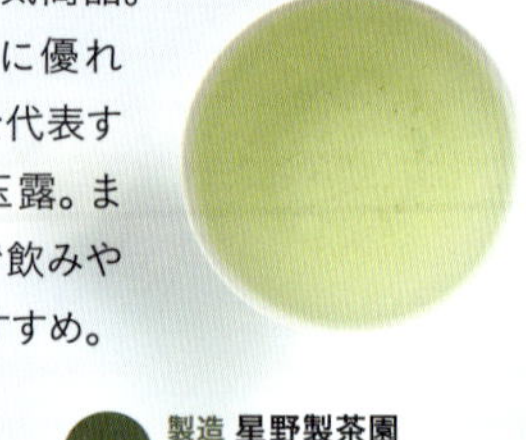

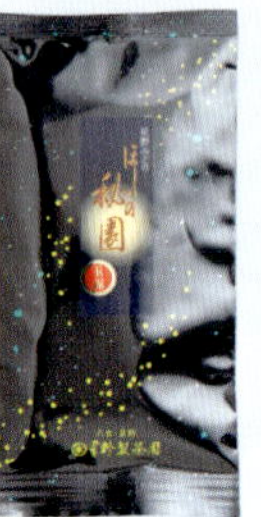

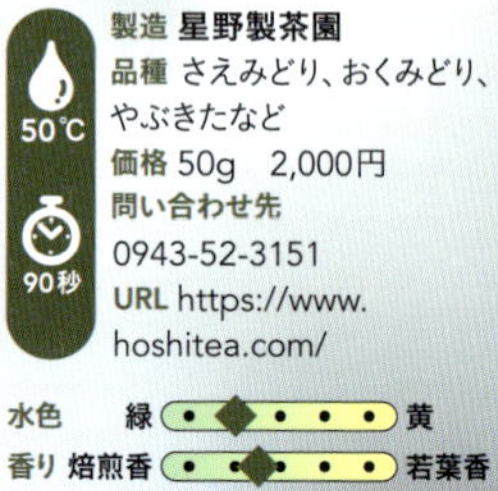

50℃
90秒

製造 星野製茶園
品種 さえみどり、おくみどり、やぶきたなど
価格 50g　2,000円
問い合わせ先
0943-52-3151
URL https://www.hoshitea.com/

水色	緑	●◆●●●●	黄
香り	焙煎香	●●◆●●●	若葉香
味	うま味	◆●●●●●	渋味

九州・沖縄

佐賀 嬉野茶（うれしの）

釜炒り茶発祥の地 蒸し製玉緑茶の生産もさかん

県の南西部にある嬉野町周辺は、なだらかな山間に茶園が広がる古くからの茶産地。1504年に中国の明から南京釜が持ち込まれ、日本ではじめて、お茶の釜炒り製法が伝わった産地でもある。

約400℃の高温に熱した釜で葉を炒ることで発酵を止めるという釜炒り茶は、生産量こそ少ないものの、嬉野茶ならではのお茶として根強い人気がある。

現在は、蒸し製玉緑茶の生産も盛んになっている。蒸し製玉緑茶は深い色つやがあり、味や香りも強いのが特徴。

新茶の収穫は4月中旬からはじまり、秋冬の番茶まで4回収穫される。

嬉野市で毎年行われる、釜炒り茶手炒りの様子。

釜炒り茶

特上釜いり茶

85℃
1分

製造 山輝園
品種 やぶきた
価格 100g　1,500円
問い合わせ先
0954-43-3360
URL http://www.yamakien.jp/

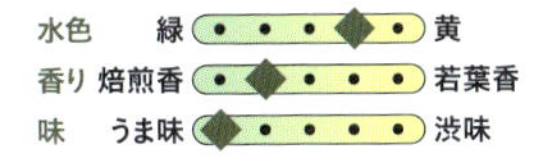

500年の伝統を受け継ぐ釜炒り茶は、香りたつ黄金色の水色が特徴。すっきりとしたのどごしにファンが多い。昔ながらの製法でつくられる貴重なお茶だ。

山間の地に、段々に広がる嬉野の茶園。

嬉野茶発祥の地の石碑。

ほうじ茶

茎ほうじ茶

現在では珍しい、伝統的な砂炒り製法でつくられるほうじ茶。高温の砂の中に茶を入れて炒るため、遠赤外線の効果でうま味のあるお茶となる。

製造 山輝園
品種 やぶきた
価格 100g　600円
問い合わせ先
0954-43-3360
URL http://www.yamakien.jp/

水色　茶 — 黄
香り　焙煎香 — 若葉香
味　うま味 — 渋味

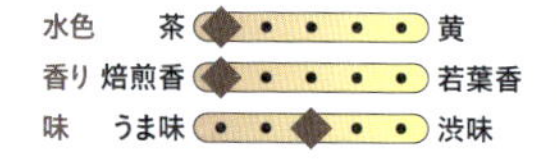

蒸し製
玉緑茶

嬉野銘茶 湯岳（ゆだけ）

創業150年を誇る老舗の蒸し製玉緑茶。渋味が少なく、まろやかな口当たりで食事にもよく合う。上品な香りと美しい水色も魅力。

製造 井手緑薫園
品種 やぶきた、さえみどり
価格 100g　1,500円
問い合わせ先
0120-410-690
URL http://www.ureshino-tea.co.jp/

水色　緑 — 黄
香り　焙煎香 — 若葉香
味　うま味 — 渋味

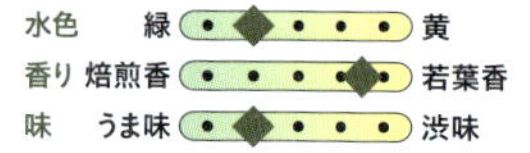

長崎 彼杵茶（そのぎちゃ）

長崎から輸出もされた古くからの茶産地

県の中部に位置する東彼杵町は古くからの茶産地。蒸し製玉緑茶の生産を中心に、伝統の釜炒り茶などもつくられている。

収穫前の数日間、茶の木に覆いをする茶園が多いのが特徴。日光を遮ることで、上品な香りと味を引き出している。

新茶の収穫は4月中旬から。

釜炒り茶

長崎釜いり茶 特上

五島列島と平戸島をのぞむ段々畑で育てた茶を、釜炒り製法で製茶。蒸し製玉緑茶が主流の地で、昔ながらのやさしい味にこだわってつくられている。

70℃
1分

製造 上ノ原製茶園
品種 やぶきた
価格 100g　1,000円
問い合わせ先
0956-63-2712
URL なし

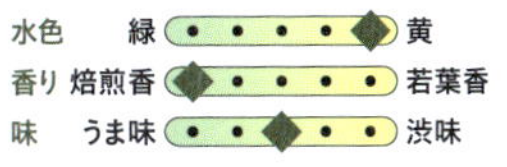

長崎 世知原茶（せちばるちゃ）

冷涼で霧深い自然豊かな茶産地

1191年、栄西（ようさい）禅師が宋から長崎の平戸に茶の種を持ち帰り、各地にお茶が広まった。佐世保市の山間部にある世知原町は、この平戸に近く、古くから茶の木が自生していたという。冷涼で霧深い気候は茶の栽培に適しており、明治時代から生産が拡大。現在は蒸し製玉緑茶を中心に生産されている。

蒸し製玉緑茶

峰の露（みねのつゆ）

山間部に開かれた美しい茶園。

透き通った黄緑色の水色が美しく、さらりと飲みやすい。あと味に軽やかなうま味が残る。

60〜70℃
80秒

製造 前田製茶
品種 やぶきた
価格 100g　1,000円
問い合わせ先
0956-78-2627
URL なし

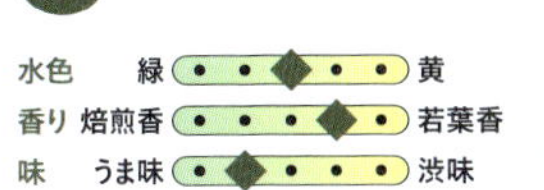

九州・沖縄

長崎

五島茶

島の環境を活かした新しい茶産地

県の西部、東シナ海をのぞむ五島列島では、温暖な気候を活かして1997年から茶の栽培がはじまった。

もともと五島牛の産地として知られ、堆肥をふんだんに使えたため、自然農業による茶の栽培が行われるようになった。甘味が強く、口あたりよいのが特徴。

蒸し製玉緑茶

有機緑茶 息吹

土づくりからこだわった五島茶の人気商品。茶摘み前、1週間ほど覆いをかけてうま味を引き出した蒸し製玉緑茶で、渋味が少なくコクがある。

製造 グリーンティ五島
品種 やぶきた
価格 100g　1,000円
問い合わせ先
0959-72-4426
URL http://tsubakicha.jp/

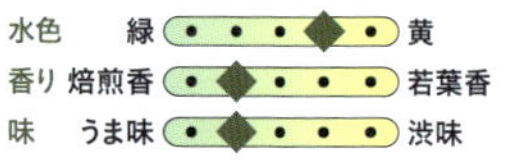

熊本

くまもと茶

九州地方ならではの蒸し製玉緑茶が有名

熊本県はお茶の主産県のひとつで、生産地は平野部から山間部まで広範囲にわたっている。各地の自然環境を活かしてさまざまなお茶がつくられており、それらを総称してくまもと茶と呼んでいる。

とくに蒸し製玉緑茶の生産が盛んで、生産量は全国の4分の1を占める。

蒸し製玉緑茶

湧雅のここち（熟成蔵出し）

くまもと格付認証三つ星のお茶。栽培方法、品質、樹齢、成分などに高い基準値を設定し、すべてをクリアしたお茶のみでつくられる。まろやかな味わい。

製造 JA熊本経済連茶業センター
品種 さえみどり、やぶきた、おくゆたか、おくみどりなど
価格 80g　1,000円
問い合わせ先
0964-33-5715
URL http://kumamotocha.jp/

水色　緑　黄
香り　焙煎香　若葉香
味　うま味　渋味

九州・沖縄

熊本 矢部（やべ）茶

釜炒り茶と蒸し製玉緑茶の生産がさかん

県中部の山都町（旧矢部町地区）では、釜炒り製法が伝わった頃からお茶づくりが発展。江戸時代には肥後藩に献上されていた。

現在は、釜炒り茶、蒸し製玉緑茶を中心に生産されている。標高の高い地域で昼夜の寒暖差が大きいため、甘味と香りの強いお茶が育つ。

熊本 岳間（たけま）茶

細川藩ゆかりの献上茶として発展

岳間は、県の最北部に位置する山鹿市鹿北町の地名。江戸時代には肥後藩主細川家に岳間茶が献上されていたと伝わる。

昼夜の寒暖差があり、四季の変化も大きいため、葉が肉厚に育つのが特徴。深蒸し煎茶、蒸し製玉緑茶として仕上げられている。

釜炒り茶

釜炒り矢部茶 まろみ

30年以上、無農薬栽培を続けている下田茶園。独自に開発した下田式釜炒り機を使用し、おくゆたかの一芯三葉摘みで丁寧に作った香り高く余韻の長いお茶。

製造 下田茶園
品種 おくゆたか
価格 50g 1,000円
問い合わせ先
0967-72-0244
URL なし

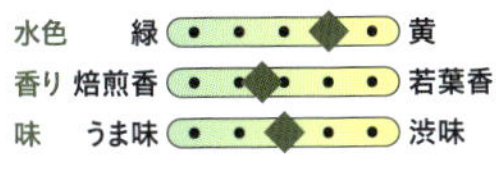

深蒸し煎茶

朝霧（あさぎり）

標高300mほど、冬には雪が積もる茶園で育まれた葉は肉厚で、深蒸しにぴったり。濃緑の水色で渋味は少なく、うま味豊かで味わい深い。

製造 岳間製茶
品種 やぶきた
価格 100g 1,500円
問い合わせ先
0968-32-2526
URL http://takema-tea.biz/

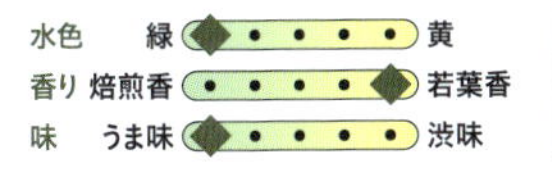

大分 耶馬溪茶（やばけいちゃ）

大自然に育まれた安全・安心のお茶

県の北西部に位置し、奇岩をのぞむ景勝地として知られる中津市耶馬渓町は、山を切り開いた奥深い谷間に茶園が広がる。こうした環境は一般車両が入れないため、排気ガスの影響を受けず、澄んだ空気のもと新芽が成長。昼夜の寒暖差や朝霧によって、まろやかで香りのよいお茶ができる。新茶の収穫は5月上旬からはじまる。

かぶせ茶

耶馬溪茶

農作業車以外は通らない、標高400mのクリーンな環境で丹念に育てられたお茶。寒冷紗をかぶせ、やわらかく育てた茶はまろやかなうま味をもつ。

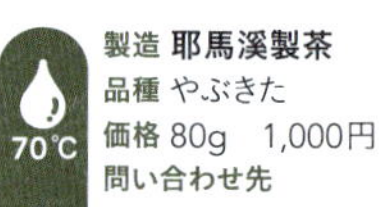

製造 耶馬溪製茶
品種 やぶきた
価格 80g　1,000円
問い合わせ先
0979-27-4881
URL http://www.yabakeitya.com/

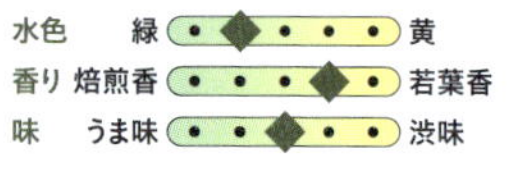

大分 因尾茶（いんび）

釜炒り茶の伝統を受けつぐ茶産地

県の南部、佐伯市本匠因尾地区で生産。蛍の生息地として知られる清流・番匠川を中心に、標高300mの山間地に茶園が広がっている。この地域には、江戸時代中頃に釜炒り茶の製法が伝わり、現在も生産の中心を占めている。生葉を300℃に熱した鉄製の平釜で炒るのが特徴。新茶の収穫は5月上旬から。

釜炒り茶

因尾茶 上撰（じょうせん）

鉄釜で炒られたお茶は、透明感のあるきれいな黄色の水色に、やわらかな香ばしさが香るのが特徴。さっぱりとしたのどごしで、日常的に飲みたいお茶。

製造 きらり
品種 やぶきたなど
価格 100g　800円
問い合わせ先
0972-56-5262
URL なし

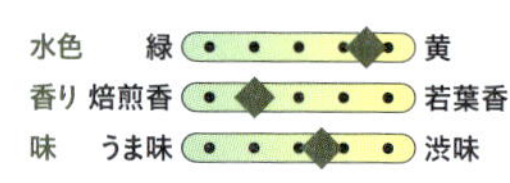

宮崎

都城茶（みやこのじょうちゃ）

宇治から煎茶の製法が伝わった産地

県の南西部、霧島連山をのぞむ都城盆地は由緒ある茶の産地として名高い。

都城の気候は、盆地ならではの寒暖差の大きさが特徴。もともと、茶の生育に適しており、古くから茶の木が自生していたとされる。

本格的に茶の栽培がはじまったのは、江戸時代以降。気候や地形の特徴が、当時すでに代表的な茶の産地であった京都の宇治と似ていることに、都城島津藩の藩医をしていた人物が注目。宇治で煎茶製法を学び、知識を持ち帰って藩内に広めたとされる。

以後、都城の煎茶は、その高い品質で知られる。1757年には桃園天皇に献上され、菊のご紋章入りの茶器を賜る栄誉を得た。

煎茶

香りの煎茶 よかにせ

70℃
30秒

製造 お茶のさかもと
品種 やぶきた、おくみどり
価格 100g　1,000円
問い合わせ先
0986-52-0304
URL http://www.ochasaka.com/

水色	緑	●◆●●●●	黄
香り	焙煎香	●●●●◆●	若葉香
味	うま味	●◆●●●●	渋味

都城の方言で「好男子」という意味の名で、男性の爽やかさを表現したお茶。普通蒸しの煎茶で、フレッシュな香りとさっぱりしたうま味が人気。

宮崎

五ヶ瀬（ごかせ）釜炒茶

山茶が自生する古くからの茶産地

県の北西部、熊本県との県境にある西臼杵郡五ヶ瀬町は、標高500〜800mの山間地に茶園が広がっている。

この地域には古くから山茶が自生し、釜炒り茶の伝統が受けつがれてきた。冷涼な気候のため、害虫が少ないことも茶の栽培には有利で、釜炒り茶の生産地として知られている。

五ヶ瀬町の茶摘み風景。

特上 深山（みやま）の露（つゆ）

70℃

1分〜90秒

製造 坂本園
品種 やぶきた
価格 100g　1,000円
問い合わせ先
0982-82-1073
URL http://teafarm-sakamoto.com/

つややかな黄金色の水色が特徴的な特上釜炒り茶。山間の地でつくられているため香り高く、水出しでもよい香りが出る。ほのかな渋味とあと味の甘さが魅力。

九州・沖縄

鹿児島

かごしま茶

多品種の栽培で長く収穫できる

九州本土の最南端、鹿児島県で生産されているのが、かごしま茶。県でつくられるお茶の総称だ。

鹿児島県で茶の栽培がはじまったのは800年前ともいわれているが、産業として本格的に生産がはじまったのは明治時代のこと。海外に輸出するために、新しい茶園が次々と開墾されるようになった。

大規模な茶園が広がる風景は鹿児島県ならではで、そのさまは圧巻だ。現在は、全国第2位の生産量を誇っている。

かごしま茶の生産地は北から南まで広範囲に広がっており、そのほとんどが、日照時間の長い平坦地。そのため、3月下旬から4月上旬に新茶の収穫がスタートする。

早生から晩生の品種まで多くの品種が栽培されているので、収穫期間が長いのが特徴。また一～二番茶だけでなく、三～四番茶や秋冬の番茶まで収穫するところもある。

煎茶

奥霧島茶（おくきりしま）

樹齢100年の霧島の大茶樹。市の天然記念物となっている。

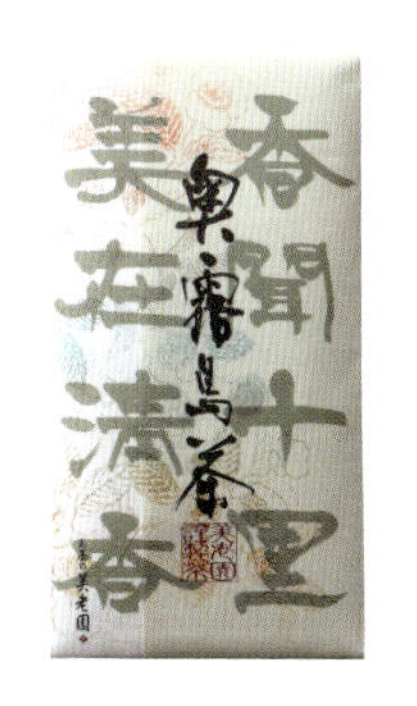

70℃
1分

製造 鹿児島製茶
品種 やぶきた、さえみどりなど
価格 100g　1,000円
問い合わせ先
0120-353-204
（お茶の美老園）
URL http://birouen.com

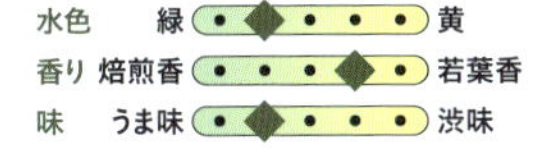

水色	緑 ●◆●●●● 黄	
香り	焙煎香 ●●●◆●● 若葉香	
味	うま味 ●◆●●●● 渋味	

創業130余年を超える老舗がつくる、上品な煎茶。香り高い霧島山麓の茶を厳選、香りにこだわって仕上げた。渋味と甘味のバランスがよく、キレのある味わい。

九州・沖縄

開聞岳をのぞむ、広大な茶園。

みずみずしい新芽の収穫は3月下旬からはじまる。

深蒸し煎茶

雪ふか献

鹿児島で親しまれる3つの品種をブレンドした深蒸し煎茶。各品種のよさを引き出した鮮やかな水色、深みのある味わいと長く続く甘味の余韻が印象的。

80℃
1分

製造 **特香園**
品種 ゆたかみどり、さえみどり、あさつゆ
価格 100g　1,000円
問い合わせ先
0120-012679
URL http://www.tokkoen.co.jp/

水色　緑 ⟷ 黄
香り　焙煎香 ⟷ 若葉香
味　うま味 ⟷ 渋味

深蒸し煎茶

ゆたかみどり千両

かごしま茶を代表する品種・ゆたかみどりの深蒸し煎茶。力強い香りが特徴で、香りを楽しみたい人にとくにおすすめ。ほっくりとしたコクのある味わい。

70〜80℃
1分

製造 **下堂園**
品種 ゆたかみどり
価格 100g　1,000円
問い合わせ先
0120-25-2337
URL http://www.shimo.co.jp/

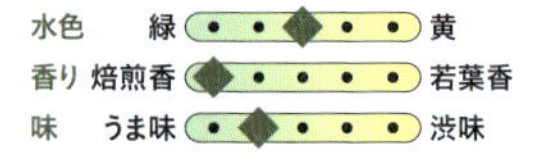
水色　緑 ⟷ 黄
香り　焙煎香 ⟷ 若葉香
味　うま味 ⟷ 渋味

鹿児島

知覧(ちらん)茶

全国で評価が高い鹿児島の銘茶どころ

薩摩半島の南にある南九州市の知覧町は、県内でもとくに茶の栽培で知られた地域。煎茶や、深蒸し煎茶の生産が盛んだ。

町の中部から南部にかけて広がる温暖な平坦地では、効率的に生産する大きな茶園も多い。新茶の時期が早いのも特徴で、4月の上旬に走り新茶と呼ばれるお茶が収穫される。

一方、北部の山間地では、昼夜の寒暖差を活かして希少な高級茶がつくられている。

小高い山の斜面に美しく連なる茶園。

煎茶

知覧茶 さつまやぶきた華

製造 池田製茶
品種 やぶきた、さえみどり、あさつゆ、ゆたかみどり、おくみどり
価格 100g　1000円
問い合わせ先
099-267-8980
URL http://www.seicha.com/

水色	緑	・◆・・・	黄
香り	焙煎香	・◆・・・	若葉香
味	うま味	・◆・・・	渋味

茶審査技術最高位十段の茶師が5つの品種をブレンドしてつくった知覧茶。渋味をひかえた華やかさと、余韻の残る甘い火の香がある。さらりとしたのどごし。

鹿児島 えい茶

豊かな環境が育む香り高い煎茶

薩摩半島南部の山裾に位置する南九州市頴(え)娃(い)町は、鹿児島県では知覧茶と並ぶ銘茶の産地。標高100〜400mの丘陵地に茶園が広がり、温暖かつ昼夜の寒暖差がある気候のもと、丁寧なお茶づくりが行われている。生産のメインは煎茶。この地域ならではの早生品種も栽培しており、4月上旬から茶摘みがはじまる。

開聞岳の麓に茶園が広がる知覧らしい景観。

深蒸し煎茶

かいもんみどり

薩摩半島南端にそびえる開聞岳の裾野にある茶園。

鮮やかな水色のさえみどりと、やぶきたをブレンド。まろやかなうま味が心地よい。

製造 小磯製茶
品種 さえみどり、やぶきた
価格 100g　1,500円
問い合わせ先
099-258-8832
URL なし

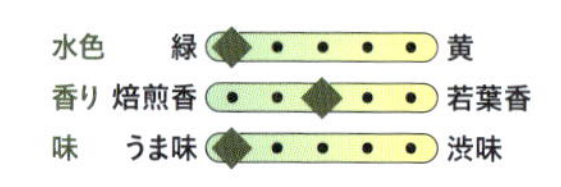

煎茶

知覧産 あさつゆ

栗や枝豆を思わせるような風味と、目が覚めるような鮮やかな水色が特徴の品種あさつゆ。天然玉露と称される希少品種は、ぜひ一度味わいたい。

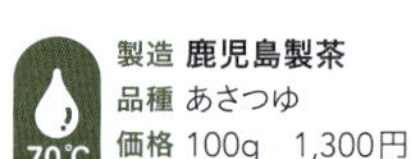

70℃
1分

製造 鹿児島製茶
品種 あさつゆ
価格 100g　1,300円
問い合わせ先
0120-353-204
(お茶の美老園)
URL http://birouen.com

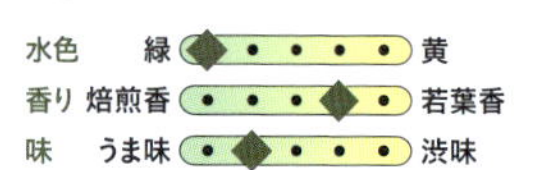

九州・沖縄

沖縄 やんばる茶

少量のみ生産される幻のお茶

沖縄本島の最北端に位置する小さな集落、国頭村奥地区。ここでは、3月上旬に一番茶が収穫でき、日本一早い新茶として知られている。

1929年から本格的な栽培がはじまり、煎茶を中心に生産。生産量は少ないものの、多彩な品種が栽培されている。

3月、新茶を摘む直前の茶園。

煎茶

奥みどり いんざつ

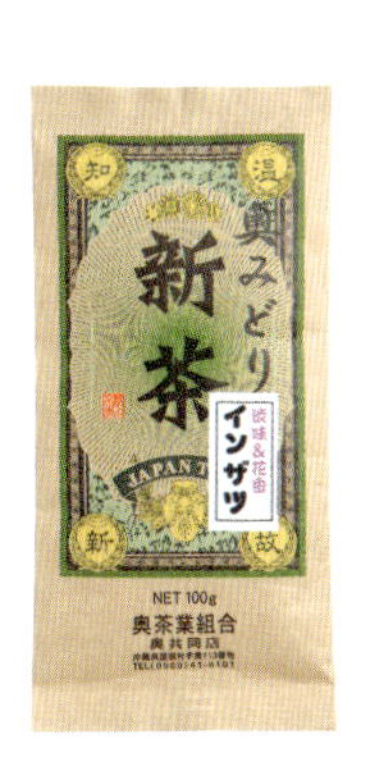

製造 奥茶業組合
品種 いんざつ
価格 100g　575円
問い合わせ先
0980-41-8101
URL なし

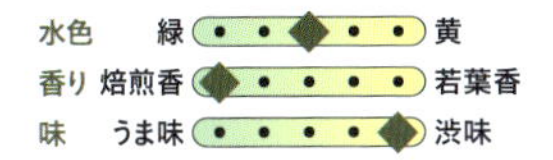

いんざつは、インド産のアッサム系の品種で、つくられる量は国内でもごくわずか。花のような華やかな風味が口から鼻に抜ける、希少価値の高いお茶。

お茶のプロが厳選！
茶名人推薦のお茶

数あるなかから厳選したお茶を提供し、茶業界でも一目置かれる名人たち。彼らにお茶へのこだわりといち押しの銘茶を伺った。

名人❶

茶商 高宇政光（思月園）

日本各地に残る在来種にも光をあてたい

自らの店を「お茶のセレクトショップ」と表現する高宇さんは、東京という一大消費地の茶商として、これまで多くの生産地を訪ねてきた。なかには「こんな場所でもお茶がつくられているのか」という小さな産地もあり、そうしたお茶の底知れぬ多様性を、店を通じて伝えていきたいと考えている。とりわけ大事にしているのは、各地に残る在来種の存在だ。「現在、日本で栽培されているお茶の約8割は、生産性の高いやぶきたという品種です。だからこそ、土地の風土に根づいた在来種を守っていくという意識も必要」と高宇さん。

在来種は品質を一定に保つのが難しいため、生産者にとってはデメリットも多いという。「それでもいいお茶をつくろうと頑張っている生産者がいます。僕は茶商という仕事を通じて、少しでも彼らを応援したい」

今回選んでいただいた「こみなみ」もそんなお茶のひとつ。ほかにも、お茶の多様性を学べる銘柄を揃えてもらった。

「これがおいしいお茶です、とはあえて言いません。たくさんの選択肢から好きなものを見つけてもらえたらうれしいです」

◆Masamitsu Takau

茶商。日本茶インストラクター。日本茶を楽しむための淹れ方の普及にも力を注ぎ、国内・海外のティーセミナーで講師を務める。

思月園

住所 東京都北区赤羽1-33-6

問い合わせ先

03-3901-3566

URL http://teashop-shigetuen.la.coocan.jp

※現在は閉店しています

常時100種類もの商品が並ぶ高宇さんのお店。

なかなか出会えない希少品種

煎茶 こみなみ

80℃
30秒

静岡県の生産者2軒のみが生産する希少品種で、渋味の出ないまろやかな味。霜の被害を受けやすく、収穫できない年もある。

品種 こみなみ(未登録)
価格 100g　2,000円

水色　緑 ◆・・・・・ 黄
香り　焙煎香 ・・・・◆・ 若葉香
味　うま味 ◆・・・・・ 渋味

お茶の持ち味を丸ごと味わえる

煎茶 天然 荒づくり茶

葉も茎も使った独特の味わい。部位ごとに適した方法で乾燥させて、香ばしさと美しい水色を引き出している。静岡産の茶を使用。

品種 やぶきた
価格 200g　1,500円

水色　緑 ◆・・・・・ 黄
香り　焙煎香 ◆・・・・・ 若葉香
味　うま味 ◆・・・・・ 渋味

独自製法でより香ばしく仕上げた逸品

茎ほうじ茶

100℃
1分

茶商自ら遠赤外線方式でふっくら炒り上げた茎茶と、直火でしっかり炒った芽茶をブレンド。香りと味のバランスにひと工夫凝らした。

品種 やぶきた
価格 100g　800円

水色　茶 ・◆・・・・ 黄
香り　焙煎香 ◆・・・・・ 若葉香
味　うま味 ・・・・◆・ 渋味

各地のおすすめ茶葉を手軽に体験

ティーバッグ4個パック

静岡、宇治、鹿児島の煎茶と、荒づくりのティーバッグは、使用しているお茶の品種も多彩な顔ぶれ。急須がなくても飲み比べが楽しめる。

価格 3g×4個　430円

名人❷

茶師 前田文男
（前田幸太郎商店）

産地の持ち味を活かす究極のブレンド

「〝つくればよくなるお茶〟は、経験を積まなければわからない」

お茶の品質を見極める名人として、茶業界で広く知られる前田さんは、仕入れの難しさをそんなふうに語る。たとえば値の張るお茶は、荒茶と呼ばれる原料段階で形が整っていて、誰が見てもいいお茶とわかる。しかし、そうではないお茶のなかにも、光るものを感じることがある。前田さんが探しているのはそういうお茶だ。

現在、ブレンドに使用しているのは主に3つの産地。静岡県で新茶の時期がもっとも早く、きれいな水色が出る初倉町のお茶、すっきり感のある宮崎県のお茶、これらに味がしっかりと濃い高知県のお茶を組み合わせると、やさしいのにインパクトのあるお茶になるという。

「とにかく一生懸命お茶を見るようにしています。いいところを磨き上げ、おいしく仕上げるのが自分の仕事」と前田さん。

同じ産地でも、収穫時期や畑によって茶の状態は変わるため、それこそ膨大な荒茶のなかから香りを利き分けている。そして、火入れという仕上げの工程により持ち味を最大限に引き出し、それぞれの個性が活きるようにブレンドしていく。「火入れでは1℃の差が香りや味を左右するためとても気をつかいますが、こだわるほど繊細なお茶になります」

その奥行きある味を、ぜひ味わいたい。

◆Fumio Maeda
サラリーマンを経て、祖父の代から続く製茶問屋でお茶づくりの修業を積む。1997年の全国茶審査技術競技大会で史上初の十段を獲得。

前田幸太郎商店

住所 静岡県静岡市葵区北番町15
問い合わせ先 054-271-1950
URL http://www.geocities.jp/yamahachi_cha/

新茶の時期は、左にある屋号の書かれた木箱がお茶でいっぱいになる。

旬をとじ込めた味わい豊かな一級品

煎茶
茶師の極 雅の輝

60〜70℃
1分

希少な新茶のみを使用した高級茶。新芽の爽やかな香りと上品な味が後味まで広がる。静岡の銘茶として名高い、本山茶もブレンド。

品種 やぶきた
価格 100g　1,500円

水色　緑 ― 黄
香り　焙煎香 ― 若葉香
味　うま味 ― 渋味

香り、甘味、苦味、渋味のバランスが絶妙

煎茶
一葉入魂 緑の雫

70℃
1分

まったりとリラックスできる優しい味のお茶。さっぱりした甘味は食後の一服にもおすすめ。高級茶にひけをとらないふくよかな香りを楽しめる。

品種 やぶきた
価格 100g　1,000円

水色　緑 ― 黄
香り　焙煎香 ― 若葉香
味　うま味 ― 渋味

2煎目まで楽しめる抹茶入りティーバッグ

名人仕立て おもてなし

70〜90℃
1分

深みのある緑茶に西尾産の抹茶をまぶしてコクと色をプラス。1煎目はさっと出して抹茶を味わい、2煎目で煎茶のうま味を楽しむのがおすすめ。

品種 やぶきた
価格 22個　600円

水色　緑 ― 黄
香り　焙煎香 ― 若葉香
味　うま味 ― 渋味

名人❸

茶師 山口真也（星野製茶園）

鮮度のよい茶を最高の技術で仕上げる

高級玉露の産地、福岡県の星野村で茶業に従事する山口さんは、「お茶が好きな方は、気に入ったお茶を飲み続けることが多いので、商品の品質管理が最も大事です。この品質管理が〝信頼〟に繋がります」と話す。

銘柄によっては、年に10回以上も仕上げを行うが、1回でも香りや味が大きく変われば、お客様の信頼を裏切ってしまう。原料の厳選、そしてその鮮度を大事にして仕上げを行う。

「料理でも、日本人は刺身など生ものを楽しみます。これは鮮度への意識が高いことの表れではないでしょうか」

星野製茶園では自社でマイナス30℃の冷凍庫を構え、常に鮮度ある原料を使う。これが、要の仕上げ工程に活きてくる。季節によって「火入れ」を絶妙に変え、飲みやすくする。これも匠の技術だ。

八女茶ならではのふくよかな味わい

煎茶 **星野さつき**

70℃ 1分

星野製茶園の看板煎茶。厳選した荒茶に独自方式の火入れを行い、香り・うま味・渋味を充分に引き出している。毎日飲んでも飽きがこない。

品種 やぶきた、さえみどりなど
価格 100g　1,000円

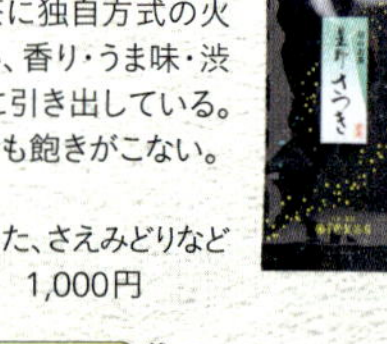

水色 緑 ⇔ 黄
香り 焙煎香 ⇔ 若葉香
味 うま味 ⇔ 渋味

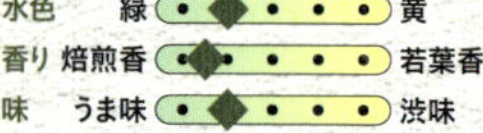

香味を重視した玄人好みのお茶

煎茶 **八女特煎S印**

70℃ 1分

あえて露地栽培の力強いお茶を厳選。うま味と同時に、突き抜けるような清々しい香りがする。

品種 やぶきた、つゆひかりなど（年によって変わる）
価格 100g　1,000円

水色 緑 ⇔ 黄
香り 焙煎香 ⇔ 若葉香
味 うま味 ⇔ 渋味

ワインのように楽しむ至極の玉露

玉露 King of Green HIRO premium木箱入り **HIROプレミアム ボトリングティー**

なし なし

手摘みした高級玉露を3日間かけて水のみで抽出し、加熱しないフィルター方式で殺菌した上質なお茶。お茶の概念を越える滋味豊かな味わい。

品種 さえみどり
価格 750ml　26,000円

水色 緑 ⇔ 黄
香り 焙煎香 ⇔ 若葉香
味 うま味 ⇔ 渋味

◆Shinya Yamaguchi
星野製茶園の茶師として地域の生産者と連携しながら、八女茶の品質向上に力を注ぐ。日本茶インストラクター。2011年、茶審査技術の十段に認定された。

星野製茶園

住所 福岡県八女市星野村8136-1
問い合わせ先 0943-52-3151（ボトリングティーのみ0466-29-9591）
URL https://www.hoshitea.com/

名人④

茶師 比留間嘉章（茶工房比留間園）

香り豊かな狭山茶の持ち味を引き出す

埼玉県入間市でお茶の栽培から製造、販売までを手がける比留間さんは、知る人ぞ知る手揉み茶の名手。

「機械製でもおいしいお茶はたくさんありますが、手揉み製法を手本にしている以上、手揉み茶に勝るものはない」とそのこだわりを語る。1品つくるのに2日かかるという極上の手揉み茶は、比留間さん渾身の逸品だ。

そしてもうひとつ、比留間さんが長年、取り組んできたのが新ジャンルの微発酵茶。「埼玉の育成品種は香りに特徴があります。それは茶に日光などのストレスを与える萎凋（いちょう）という工程を加えることでさらに高まります」。萎凋とは、半発酵茶をつくるときに用いられる工程だ。

今回紹介する「清花香」や「ティーバッグ」は、そんな狭山茶の個性が光っている。

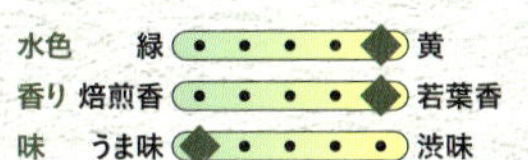

匠の技が生み出す極上の手揉み茶

煎茶 **日本で一番高価なお茶**

50℃ / 2分30秒

全国手もみ茶品評会で1位を獲得し、年間300gのみ販売されるお茶。透明に近い水色からは想像できない芳醇なうま味と若芽の香りがある。

品種 やぶきた
価格 3g　5,000円

		位置	
水色	緑	●●●●◆	黄
香り	焙煎香	●●●●◆	若葉香
味	うま味	◆●●●●	渋味

埼玉生まれの"香りを飲む"お茶

微発酵茶 **清花香**（せいかこう）

80℃ / 20秒

比留間さんが自ら開発した紫外線照射芳香装置により、通常の煎茶工程では難しい、花や熟した果実のような香りを引き出している。

品種 さやまかおり
価格 60g　1,000円

		位置	
水色	緑	●●◆●●	黄
香り	焙煎香	●●◆●●	若葉香
味	うま味	●●◆●●	渋味

茶碗に入れっぱなしでもおいしく飲める

ティーバッグをおいしく飲むために考えたティーバッグ

100℃まで / 30秒以上

渋味の出にくい茶を使用しているため、茶碗から出し忘れてもおいしさはそのまま。水出しから熱湯まで◎。

品種 ゆめわかば、ほくめい、ふくみどり
価格 3g×15個　600円

		位置	
水色	緑	●●◆●●	黄
香り	焙煎香	●◆●●●	若葉香
味	うま味	●●◆●●	渋味

◆Yoshiaki Hiruma
研究心とチャレンジ精神で魅力ある狭山茶を生み出す。日本茶インストラクター。2013年全国手もみ茶品評会で1等1席農林水産大臣賞を受賞。

茶工房比留間園

独自に開発したシステムで、茶葉に紫外線を当てる。

住所 埼玉県入間市上谷ヶ貫616
問い合わせ先 04-2936-0491
URL http://gokuchanin.com/

名人❺

茶匠 山科康也（製茶所山科）

緑茶王国・九州から うま味極まるお茶を厳選

いまや日本で最大のお茶生産地区、九州のお茶を知り尽くす茶匠として知られる山科さん。「同じお茶でも紅茶は香りを楽しみますが、日本茶はコクやうま味を堪能できるお茶です。九州のお茶は、とくにその傾向が強い」と魅力を語る。

九州では多彩な品種が栽培されているため、各々の個性を見極め、どう活かすかも、山科さんの腕の見せどころだという。新茶の時期は各地を飛び回り、出来のよいお茶を厳選。その顔ぶれによってブレンドの仕方を決めている。とくによい品種があれば、〝隠し味〟にすることもあるそうだ。そうしたこだわりから、九州緑茶の味わいの違いを楽しめるお茶を選んでもらった。

「お茶というひとつの味があるわけではありません。九州のお茶を通じて、さまざまな違いを味わっていただけたら」

熟成茶ならではの奥行きある味わい

煎茶など **蔵出しとろり 八女玉露ブレンド**

70℃ 1分

熟成させた八女産の高級玉露を、コクの強い九州の煎茶と組み合わせた。上品な香りと深い味わいを堪能できる。

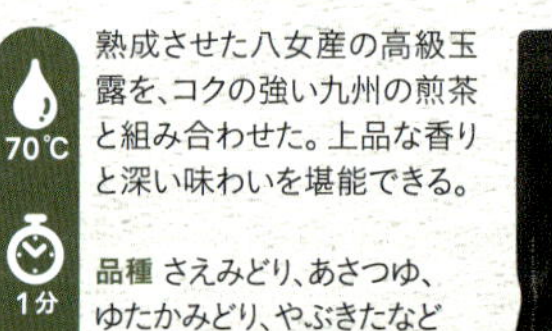

品種 さえみどり、あさつゆ、ゆたかみどり、やぶきたなど
価格 100g 1,200円

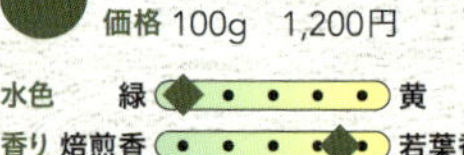
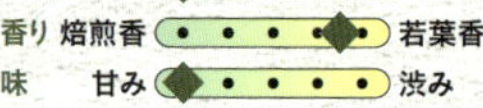

「うま味」に焦点をあてた深蒸し煎茶

煎茶 **山科とろり 山科オリジナルブレンド**

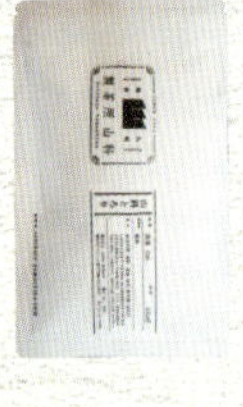

70℃ 40秒

製茶所山科の一番人気。鹿児島の濃厚なお茶数種類に、まろやかな八女茶をブレンド。甘みとコクが広がる逸品。

品種 さえみどり、あさつゆ、ゆたかみどり、おくみどりなど
価格 100g 1,000円

水色 緑 黄
香り 焙煎香 若葉香
味 甘み 渋み

産地の個性を絶妙にブレンド

煎茶・釜炒り茶 **九州Seven Tea**

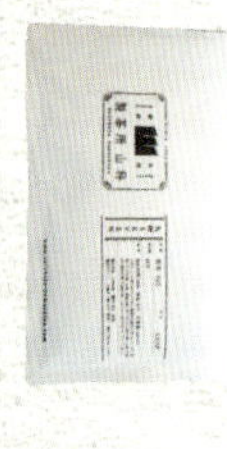
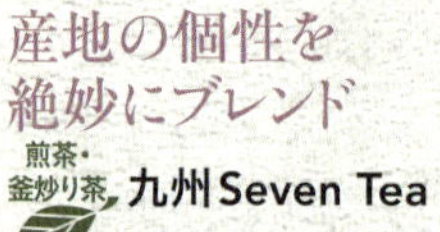

80℃ 40秒

コクの強い深蒸し煎茶、香りのいい山のお茶など、九州地方7県の個性的な緑茶を組み合わせたオリジナル。

品種 さえみどり、ゆたかみどり、やぶきたなど
価格 100g 1,000円

水色 緑 黄
香り 焙煎香 若葉香
味 甘み 渋み

◆Yasunari Yamashina
九州各地を巡ってお茶を厳選。代表を務める山科茶舗にて仕入れ・製茶・ブレンドに従事する。日本茶鑑定士。日本茶インストラクター。

製茶所山科

住所 福岡県朝倉市甘木1642
問い合わせ先 0946-22-2647
URL http://www.e-ochaya.net/

新版 日本茶の図鑑
Knowledge of Japanese tea

Part.3

実際に淹れてみよう!
日本茶の楽しみ方

どんなに品質のよいお茶を買っても
おいしく淹れられなければ意味がない。
日本茶がよりおいしくなる
淹れ方のコツを紹介しよう。

日本茶の淹れ方 下準備

日本茶の選び方

お茶をおいしく淹れるには、まずはよいお茶を選ぶことが必要。スムーズに選ぶためのポイントをおさえておこう。

お茶の外観や味をできるだけ確認しよう

お茶は日本茶の専門店をはじめ、さまざまな場所で買うことができる。とはいえ、たくさんのお茶の種類から自分好みのお茶を選ぶのは、意外と難しいもの。初心者のうちは、日本茶インストラクターなど知識の豊富なスタッフからアドバイスを受けられる店で購入するのがおすすめ。まずは、日本茶専門店や日本茶カフェに行くとよいだろう。パッケージからだけでは判断できない、お茶の形や色つやを確認したり、試飲をさせてもらうなどして、自分の好みに合う味を見つけよう。

日本茶専門店で買う

お茶を専門に取り扱う日本茶専門店では、パッケージされたお茶のほか、量り売りをしていることが多い。こうしたお店では、飲みきることができる分をこまめに買い足したり、いろいろなお茶を少しずつ試せたりするのが魅力。専門のスタッフに相談すればその場で試飲もでき、さまざまな知識も得られる。

専門店では、それぞれの方法で品質管理に気を配っている。たとえば商品の陳列棚に直射日光があたっていないことや、店内の温度・湿度の管理が行き届いていることが、お茶の品質を保つポイントになる。お店選びの参考にしよう。

さらに、商品の回転が早く、同じ価格帯でさまざまな種類が揃っている店がおすすめ。

ネット・通販で買う

自分の好みがわかってきたら、インターネットで注文するのも方法のひとつ。実物を見ることができない分、お茶についての説明や店のこだわり、保管方法などが明記されているか、しっかりチェックしよう。できれば日本茶専門店が運営しているところで買うと安心。

スーパーで買う

日本茶専門店のように試飲ができたり、お茶を選ぶのを相談できる店員がいたりしないものの、スーパーマーケットのお茶コーナーにも、ある程度の種類が揃っている。パッケージの情報を確認して、自分の求めるお茶を探してみよう。

日本茶カフェで買う

店主がこだわりを持って選んだ、さまざまな日本茶を味わえるのが日本茶カフェ。メニューにあるお茶は、販売もしていることが多いので、気に入ったお茶をお土産に買って帰るのも楽しい。その際には、店の人においしい淹れ方を聞いてみよう。

パッケージの情報を読む

袋詰めで売られているお茶はパッケージに記された情報を読みとろう。食品表示のほか、そのお茶に適した淹れ方、開封後の取り扱い、問い合わせ先などの情報が記載されているので、活用したい。

食品表示

パッケージに表示された食品表示は、食品表示法等による厳しい基準のもと記載されている内容なので参考にしよう。

名称	煎茶
原材料名	緑茶
原料原産地名	静岡県産
内容量	100g
賞味期限	○年○月
保存方法	高温・多湿を避け移り香にご注意ください。
製造者	○○製茶株式会社 静岡県静岡市××123-45

賞味期限

開封していない状態で、おいしく飲める期間の目安を包装資材の性能などに則してメーカーが設定している。年月か欄外標記場所が明記してある。

保存方法

開封前の適切なお茶の保存方法を記載。

製造者

食品衛生法にもとづき必ず表示することになっている。販売者が書かれることもある。記号で表記されている場合は、あらかじめ消費者庁長官に届け出た「製造者固有記号」。

内容量

ティーバッグなど個装の場合は「100g（○g×○袋入り）」など。

お茶の種類

煎茶、深蒸し煎茶、玉露、ほうじ茶など。

原材料

「茶」または「緑茶」と入る。食品添加物がある場合は、その名称（アミノ酸など）が、ここか「添加物」欄に明記される。

産地

「国産」か「外国産（国名等）」の区別が表示される。国産の場合は都府県名や一般に知られている地名が表示されることも。この場合、その産地の原料の使用割合が100％でなければならない。○○茶ブレンドと表示されている場合は、その名称のお茶が50％以上使われている。

よいお茶の見分け方

お茶を実際に見られるのであれば、その外観からわかることも多い。茶の種類ごとのポイントを知っておこう。

玉露

濃緑色で細くて光沢があり、しっとり感があるもの、形の崩れが少なく、大きさがそろっており、重量感のあるものを選ぶ。

煎茶

細くよれた針のような形状。形の崩れた葉や茎が少なく、色はつやのある濃緑色が理想。重量感があるものを選ぶ。

抹茶

茶臼で挽いたものはとくに繊細できめ細かく、良質とされている。鮮やかな緑色が理想。

深蒸し煎茶

色に深みがあり、やや黄味を帯びている。ずしっと重いものがよいが、粉が多いものは避けたい。

ほうじ茶

焙煎しているため外観は茶褐色。極端に黒いなど焙煎の強すぎないものを選ぼう。粉っぽい部分が少ないものがよい。

茎茶

煎茶の茎茶か、玉露の茎茶かなど、原料によって品質はさまざまだが、やや平たい茎はやわらかいので、上質な商品の場合が多い。

日本茶の淹れ方 下準備

茶器の基本

日本茶をおいしく淹れるには、どんな茶器があるといいのだろうか？　日常生活のなかで手軽に楽しめるよう、最初に揃えておきたい基本の道具を紹介しよう。

これだけは必要な道具

最初に揃えておきたいのは、急須と茶碗。とくに急須は日本茶を淹れるのに欠かせない。さまざまな大きさや種類があるので、よく飲むお茶に適したものを選ぼう。

茶碗

お茶によって適した大きさや形や素材がある。口に触れた感触が味わいにも影響するので、好みのものを見つけよう。

急須

サイズや素材、内側の網の形状など、さまざまなタイプがある。淹れるお茶によって使い分けるのが理想。

あると便利な道具

ほかのものでも代用は可能だが、使い勝手のよい小道具を揃えて置くと、お茶を淹れるのがぐんと楽しくなる。機能性はもちろん、デザインにもこだわって、お気に入りを探してみては。

湯冷まし

沸騰させたお湯を冷ますための器。注ぎ口があるタイプがおすすめだが、マグカップなどでも代用することもできる。

タイマー

急須に茶とお湯を注いだあと、時間を忘れてしまわないように、浸出時間をタイマーでセットしておくと安心。

茶筒

封を開けたお茶を保管するためのもの。光を透さず、ふたがピタッと閉まるものを選ぼう。

ティースプーン

お茶を計量し、急須に入れるときに使う。手持ちのティースプーン1杯分のお茶が、何gになるかを量っておこう。

茶種ごとの基本の茶器

**ここでは茶種ごとの基本的な茶器の例をあげた。
くわしい選び方は146〜151ページを参考にしてほしい。**

ほうじ茶

熱いお湯でたっぷり淹れることが多いので、肉厚で大きめの土瓶を使うのがおすすめ。別製の持ち手が上についているので、熱いお湯がたっぷり入っていても楽に持てる。

煎茶

急須は250ml、茶碗は100mlくらいの容量の茶器がおすすめ。茶碗は水色がよく映える白磁のものがよい。

抹茶

茶道のお点前ではさまざまな道具を使うが、自宅で楽しむ分には、茶筅と抹茶茶碗があればOK。茶碗は底が丸い器でも代用できる。

玉露

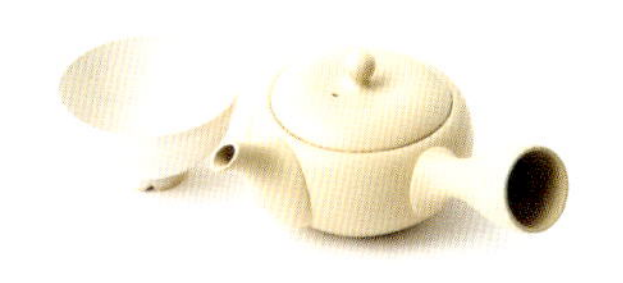

濃厚なうま味や甘味を少量でじっくり味わう玉露には、急須も茶碗もかなり小さめのものを使う。急須は90ml、茶碗は40ml程度のものが使いやすい。

お茶ごとに使いやすい急須と茶碗がある

日本茶を淹れるには、お茶の種類によって、それぞれ使いやすい茶器がある。すべて揃えるのは大変なので、まずは自分が好きなお茶に適したものから揃えていこう。

煎茶には急須を、熱いお湯でたっぷり飲みたいほうじ茶や番茶には土瓶を、少量をじっくり味わう玉露や上級煎茶には、小さめの急須を用意しよう。

大きすぎるとお湯の温度が下がってしまうので、湯量に見合うサイズを使うのがおすすめ。

茶碗は色や形状によって、お茶の色の見え方や香りの立ち方が変わってくるほか、口をつけたときの厚みや素材感によって、味の感じ方も変わってくる。できれば、淹れるお茶に合わせて用意したい。

そのほかにもさまざまな茶器があるが、まずはこのふたつがあれば、手軽に日本茶を楽しむことができる。くわしい選び方は146〜151ページを参照。

日本茶の淹れ方 下準備

適温のお湯づくり

お茶をおいしく淹れるポイントのひとつが、水。お茶の持ち味を引き出すためにはどんな水をどれくらいの温度で使うとよいのか知っておこう。

水がお茶の味を左右する

水はお茶の味にダイレクトに影響するため、お茶を淹れる際の水には充分気を配りたいもの。一般的に、日本茶には硬度の低い軟水が向いているとされる。とくに硬度が30～80程度だと、お茶の味や香りが引き立つともいわれている。

この硬度とは、水中のマグネシウムやカルシウムの量で決まる。ヨーロッパの水にはこれらが多く含まれており、飲むとミネラル成分のようなものを感じる。これに対して日本の水は軟水で、味にくせがない。日本茶を淹れるには、日本の水道水を沸騰させて使うのが手軽でおすすめだ。

お湯の温度は一回移すごとに5～10℃下がる

気温や材質にもよるが、お湯は器を移すごとに約5～10℃、温度が下がる。これを利用して湯温をコントロールすることができる。お茶の種類によって適切とされる温度があるので、それを目安に温度を変えるとよい。

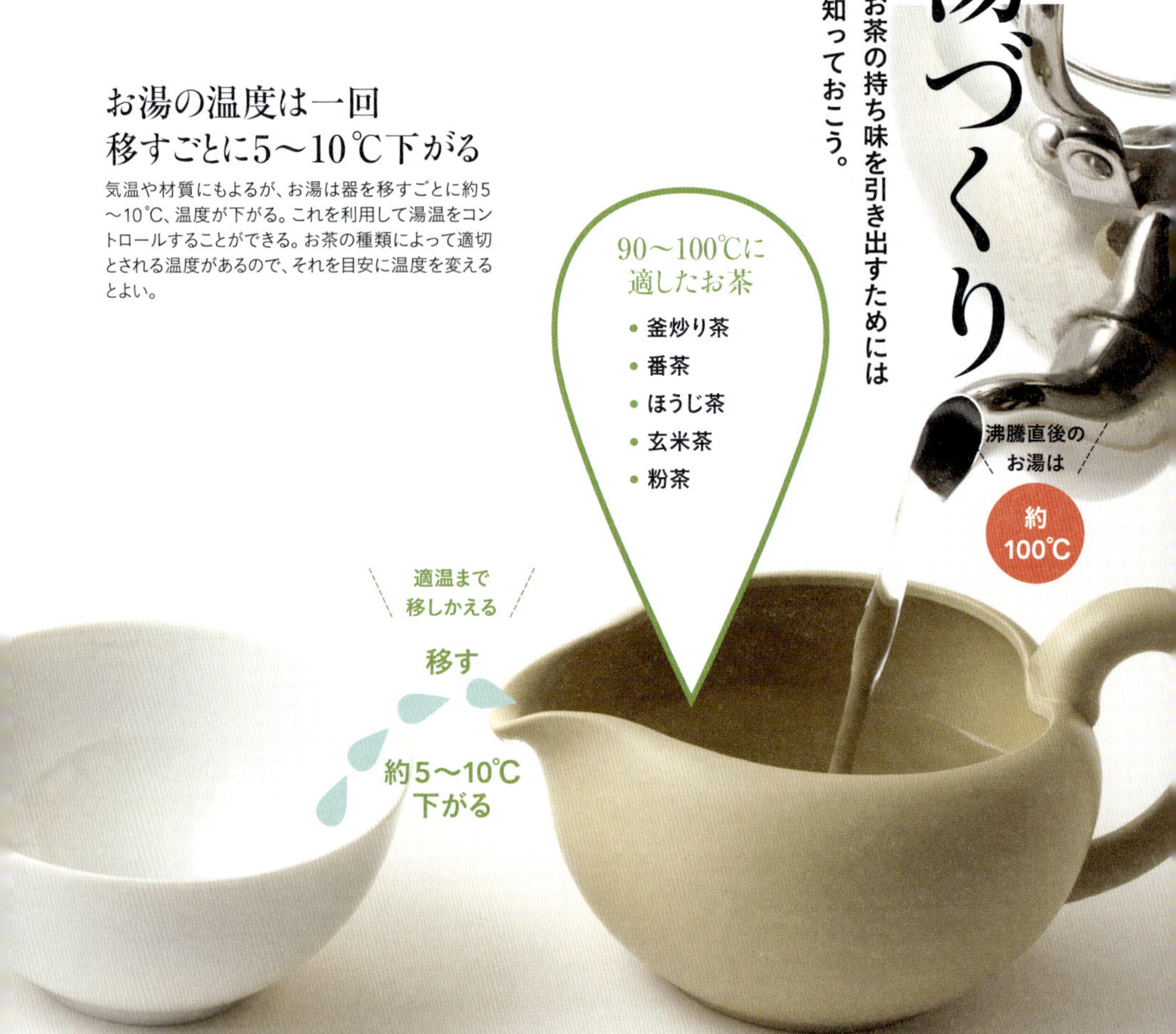
90～100℃に適したお茶
・釜炒り茶
・番茶
・ほうじ茶
・玄米茶
・粉茶
沸騰直後のお湯は
約100℃
適温まで移しかえる
移す
約5～10℃下がる

お茶の種類によって適する温度は異なる

日本茶は淹れる湯の温度で香味が変わる。煎茶の場合、熱湯で淹れると渋味が強くなり、低温でゆっくり淹れるとうま味を感じるが、香りは温度の高い湯で淹れたほうが立ちやすい。

お茶の種類別には、うま味を味わいたい玉露やかぶせ茶、上級煎茶は低温の湯で淹れるのが、下級煎茶や番茶、ほうじ茶は、熱湯でさっと淹れてほどよい渋味と香りを楽しむのが基本となる。

お湯の温度と溶出される成分のイメージ（煎茶の例）

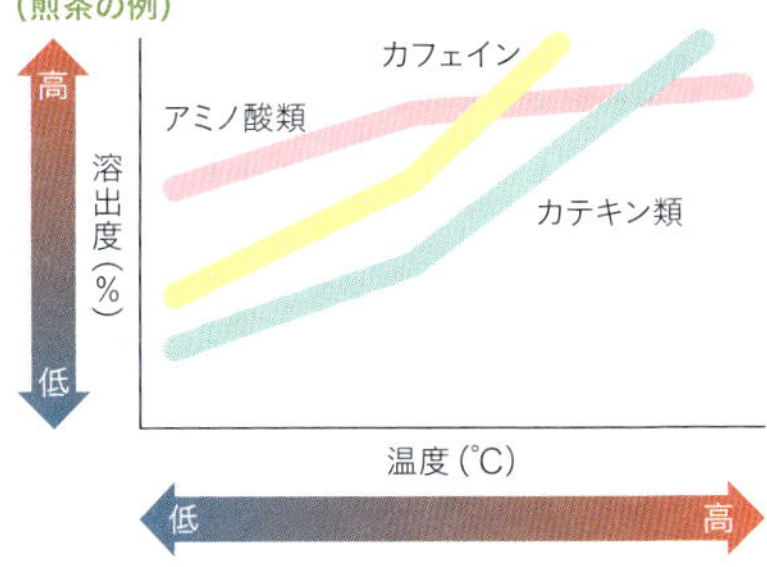

温度が高いとカテキンが多く出て渋味が増す

お茶のうま味成分であるアミノ酸は50℃くらいから溶け出し、渋味のもととなるカテキンは80℃くらいから多く溶け出す。そのため、低温の湯で淹れると渋味が少なく、高温の湯で淹れると渋味の強い味わいになる。

1〜2分待つと5℃下がる

お湯の温度は、容器を移しかえるほかに、待つことによっても調整が可能。その場合、1〜2分待てば約5℃下がるというのが目安。

50〜60℃に適したお茶

- 玉露
- かぶせ茶

70〜80℃に適したお茶

- 煎茶
- 深蒸し煎茶
- 蒸し製玉緑茶
- 茎茶
- 芽茶
- 抹茶

移す
約5〜10℃下がる

移す
約5〜10℃下がる

日本茶の淹れ方 実践

おいしく淹れるためのポイント

まずは日本茶の淹れ方の基本をマスターしよう。その上で、自分がいつも使っている茶器のサイズなどに合わせて、淹れやすい方法を見つけていこう。

POINT 1 お湯は必ず沸騰させ適温まで下げる

↓128ページ

日本の水道水は安全のために塩素が添加されているので、カルキ臭が問題となる。お茶を淹れるときには3～5分間ほど沸騰させてカルキ臭を抜くことが大切。沸騰させたお湯を、淹れるお茶に適した温度に下げて使おう。

沸騰させたお湯を湯冷ましなどに入れて、適温に下げる。

茶種別 淹れ方の目安

	玉露	上級煎茶 100g1000円以上のもの	中級煎茶 100g1000円以下のもの	番茶 ほうじ茶
人数	3人分	3人分	5人分	5人分
茶の量	10g	6g	10g	15g
湯量	60ml	170ml	430ml	650ml
温度	50℃	70℃	90℃	熱湯
浸出時間	2分30秒	2分	60秒	30秒

POINT 2 人数に応じてお茶の量を調整する

1人分2～3gを目安に、人数に応じてかけ算をすればOK。ただし、1人分だけ淹れる場合は、少し多めの5gとすると、2煎目もおいしく淹れられる。逆に5人分以上淹れる場合は、1人あたり2gと少なめにするとよい。

毎回計量するのは手間なので、普段使っているティースプーンや茶さじ1杯分のお茶を一度量っておくと便利。

原寸大 普通煎茶 2g

深蒸し煎茶 2g

日本茶は種類によって形が違い、同じ重さでもカサが異なる。

POINT 3 廻し注ぎで均一になるようにする

複数の茶碗にお茶を注ぐときは、どの茶碗のお茶も濃さと量が同じになるようにしたい。しかし急須から出てくるお茶は、最初のうちは薄く、あとになるにつれ濃くなってくる。そこで、まずはすべての茶碗に少しずつお茶を注いでいき、最後の茶碗を折り返し地点とし、逆の順番で少しずつお茶を注ぎ足していく。急須のお茶がなくなるまでこれを繰り返すと、すべての茶碗のお茶の色と味が均一になる。これを「廻し注ぎ」と呼ぶ。

1杯だけ淹れるときも一気に注がずに、何度か手をとめて急須の傾きを戻しながら注ぐとよい。

お茶の色と量を見ながら少量を1→2→3の順で注ぎ、3→2→1と折り返す。折り返し地点の3には2回続けて注ぐのがポイント。こうすると分量も均等になる。

1杯でもわけて注ぐのがコツ

手を返して3回にわけて淹れた深蒸し煎茶

1回で淹れた深蒸し煎茶

POINT 4 最後の一滴まで注ぎきる

お茶の最後の一滴にはおいしさがつまっているので、注ぎきるのがおいしく味わう秘訣。しかも、急須の中にお湯が残っていると、お茶の成分がどんどん溶け出て苦渋くなり、2煎目以降が楽しめなくなるので気をつけよう。

最後の一滴はゴールデンドロップともいわれる。

POINT 5 きれいな道具を使う

↓149ページ

茶こしに前回淹れた茶殻がついていたり、急須ににおいが残っていたりすると、せっかくよいお茶を淹れても風味が損なわれる原因になる。

使うたびにきちんと洗い、しっかり乾燥させておこう。

茶種別日本茶の淹れ方 実践

煎茶

もっともポピュラーなお茶。さまざまなお茶にも応用できるので、基本の淹れ方としてマスターしよう。

この方法で淹れられるその他のお茶
- 深蒸し煎茶
- 蒸し製玉緑茶
- かぶせ茶
- 茎茶

材料とレシピ

1人分の目安
お湯……70ml
煎茶……2g

1煎目：70℃
2煎目：80℃

1煎目：1〜2分
2煎目：30秒

必要な道具
- 茶碗
- 急須
- ティースプーン
- 湯冷まし

1 お湯を適温まで冷ます

➡128ページ

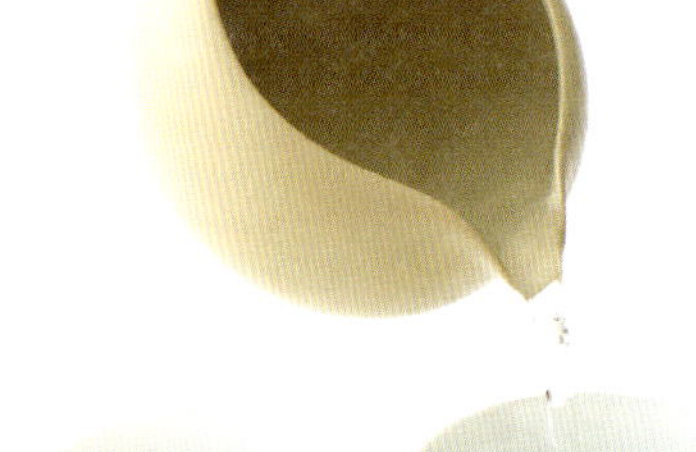

沸騰させたお湯を湯冷ましに入れ、さらに人数分の茶碗に注ぎ分ける。お湯を1回移しかえると温度が5〜10℃低くなり、さらに大きい器から小さい器に移しかえることで効率よく冷める。茶碗を手でやっと持ち続けられるくらいが70℃の目安。

POINT
がまんできるぐらいの温度が約70℃

お茶の種類によって温度と時間を工夫する

日本茶のなかでもっともよく飲まれているのが煎茶。しかし、煎茶のなかでも品質の違いや、普通煎茶や深蒸し煎茶といった製造時の蒸し時間の違いがある。基本的な淹れ方は同じだが、お茶の形状や成分の違いによって淹れ方を調整すると、よりおいしく淹れることができる。

うま味や甘味の成分が多い上級煎茶は、70℃くらいのお湯で約1〜2分浸出させる。中級の煎茶は、上級煎茶を淹れるよりやや高めの80℃くらいのお湯で約1分浸出させる。そうすると、渋味もあって、さっぱりした味になる。

また、深蒸し煎茶は普通煎茶より細かいため、普通煎茶の半分ほどの浸出時間で、渋味の少ないまろやかな味を引き出せる。

茎茶は、煎茶の茎か玉露の茎かといった原料によっても異なるので、一度中級煎茶と同様の淹れ方で淹れてみて、調整していこう。

2 お茶を入れる

お茶の分量はティースプーンなどを使って計る。茶筒からすくう際は、スプーンを無造作に差し込むとお茶が折れたり崩れたりするので気をつけよう。茶筒の内側にスプーンを添え、茶筒のほうをひねるように動かすと、スプーンに自然にお茶が入ってくる。

3 お湯を注いで待つ

適温に冷ましたお湯を急須の中に入れる。あとから注ぎ足すと味にムラが出るため、人数分をすばやく入れるのがポイント。急須のふたをして1〜2分待つ。

1煎目はこのくらい開いたらOK。

4 均等に注ぐ ➡131ページ

人数分の茶碗を並べて急須から少しずつお茶を注ぐ。どの茶碗もお茶の色と量が同じになるように、廻し注ぎをして最後の一滴まで注ぎきる。

5 2煎目の準備をする

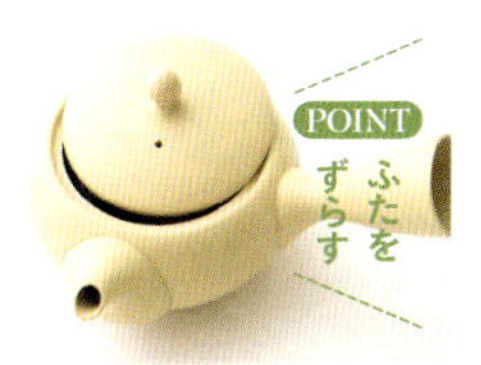

急須の注ぎ口の反対側を軽くたたいて、網についたお茶を落としておく。さらに急須内に熱がこもらないよう、ふたを少しずらしておくとよい。

2煎目以降は…

煎茶は2煎目、3煎目も味わうことができる。煎を重ねるときは、すでに茶が開いているため、温度の高いお湯でさっと淹れるのがポイント。1煎目の湯量を覚えておき、2煎目は湯冷ましに必要量のお湯を入れ、そのまま急須に注げばOK。3煎目はポットのお湯を直接、急須に入れても大丈夫。

茶種別日本茶の淹れ方 実践

玉露

玉露は、じっくり丁寧に淹れるのがコツ。濃厚な味わいなので少量で十分楽しめる。

この方法で淹れられるその他のお茶

・手揉み茶

材料とレシピ

1人分の目安
お湯……20ml
（2煎目は30〜40ml）
玉露……3g

1煎目：50℃
2煎目：60℃

1煎目：2分〜2分30秒
2煎目：1分30秒

必要な道具

・玉露用茶碗
・玉露用急須
（または宝瓶）
・ティースプーン
・湯冷まし

1 お湯を適温まで冷ます ➡128ページ

沸騰させたお湯を湯冷ましに入れ、人数分の茶碗に注ぐ。茶碗のお湯を再び湯冷ましへ戻し、50℃に下がるまで待つ。温度が高いと渋味が出るため、急がずに充分に冷ます。人肌より少し温かく、楽に持てるようになれば適温。

POINT
慣れないうちは温度計を使おう

ぬるめのお湯でじっくり淹れるのがコツ

のどの渇きを癒すというよりも、ごく少量を舌の上でころがすというのが玉露の楽しみ方。使用するお湯の分量は、煎茶などに比べるとかなり少ないため、できれば玉露の湯量に適した小さめの茶碗と急須を用意しよう。

とろみさえ感じる濃厚な味を引き出すポイントは、お湯の温度と浸出時間。お茶のうま味成分となるアミノ酸は、低い温度でもよく溶け出す一方、渋味成分のカテキンは低温だと溶け出しにくい。そのため、うま味を楽しむ玉露の場合は50〜60℃くらいが適温とされている。

お湯を準備する際は、湯冷ましなどに移しかえる回数を多めにすると、短時間で合理的に温度を下げることができる。浸出時間は2分〜2分30秒と長めだが、動かすと雑味が出るといわれるので、急須をゆすったり回したりせずに、静かに待とう。

品質のよい手揉み茶も、この淹れ方で楽しむことができる。

宝瓶(ほうひん)の使い方

宝瓶とは持ち手のついていない急須のことで、低温で淹れる玉露などに使われる。基本的な使い方は急須と同じ。開口部が広いので茶殻を取り出しやすい。

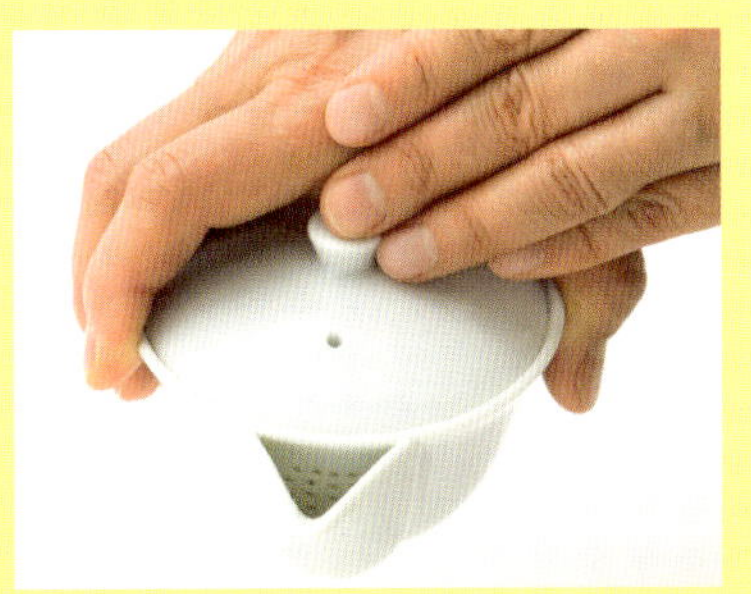

茶碗に注ぐときは、ふたの上から右手で覆うように持ち、左手をふたに添える。

2煎目以降は…

お湯の温度は1煎目より少し高めにして60〜70℃。湯量は1煎目よりやや多めにし、浸出時間を短めにする。1煎目の濃厚なうま味に対し、2〜3煎目は軽い渋味と海苔のような香りが楽しめる。

茶殻を食す

玉露の葉はとてもやわらかいため、茶殻も食べることができる。ポン酢や白だし、塩などで軽く味をつけておひたし風にしたり、じゃこなどと一緒にご飯に混ぜるのもおすすめ。健康によいとされる栄養素もたっぷり含まれている。

2 お茶を入れる

ティースプーンで計量する。少量のお湯で濃厚なうま味を引き出すために、お茶は心もち多めに使う。

3 お湯を注いで待つ

湯冷まししたお湯を急須に入れる。このとき、お湯の勢いでお茶が動かないように、急須のふちからそっと注いでいく。お茶がひたひたの状態で2分ほど、お茶がふんわり開くのを待つ。

4 均等に注ぐ ➡131ページ

どの茶碗もお茶の色と量が同じになるように、少しずつ注ぐ。1人分は約15ml程度と少ない。うま味が凝縮された最後の一滴までしっかり注ぎきる。

茶種別日本茶の淹れ方 実践

抹茶

抹茶は敷居が高いというイメージで、敬遠している人も多いのでは。家庭で飲む抹茶は自由に楽しもう。

材料とレシピ	必要な道具
1人分の目安	•抹茶茶碗
お湯……60ml	•茶筅
抹茶……2g	•ティースプーン
70〜90℃	•茶こし
	•湯冷まし

1 道具と抹茶の準備

POINT 茶筅を水またはぬるま湯にひたしておく

POINT 抹茶は茶こしでこしておく

茶筅は乾燥していると穂先が欠けやすいので、使う前にぬるま湯にひたしてしなやかにする。抹茶はティースプーン1杯、もしくは茶杓に1杯半が1人分2gの目安。ダマにならないように、茶こしでこしながら抹茶茶碗に入れる。

きめ細やかな泡がおいしさの秘訣

茶そのものを口にする抹茶は、お茶の風味と栄養を丸ごと味わうことができる。

その楽しみ方は2通りあり、ひとつはお湯の量に対して抹茶の分量が多く、上質なお茶が用いられる「濃茶」というもの。そして、濃茶よりも使うお湯の量が多いのが「薄茶」。ここでは家庭でも手軽に楽しめる薄茶の点て方を紹介しよう。

まず、抹茶を点てるために必ず必要になるのが、茶筅。茶碗については抹茶専用の器でなくても構わないが、茶筅を使って泡立てるので、底の形状が丸く、ある程度の大きさと深さがあるものを選ぼう。たとえば深さのあるカフェオレボウルは、抹茶茶碗としても使いやすい。

点てる前に、ごく少量の水で抹茶をペースト状にしてから、お湯を入れて点てるとダマになりにくい。手首のスナップを効かせて素早くシャカシャカと点てるとクリーミーな泡になる。泡が消えないうちにいただこう。

2 少量の水を入れる

POINT
水はペットボトルのふたに入る程度の容量が目安

抹茶茶碗に少量の水を入れ、抹茶になじませる。水の量の目安は大さじ⅔、もしくはペットボトルのキャップに1杯(約10ml)。点てる前に水を加えることでダマになりにくく、抹茶のうま味成分も抽出できる。ただし入れすぎると出来上がりの温度がぬるくなるので注意。

3 抹茶をなめらかにする

POINT
「い」や「り」の字を書くように

抹茶の粉がダマにならないように、茶筅を使って練るように混ぜる。香りとつやが出て、溶けたチョコレートのような質感になったら手を止める。

4 お湯を注ぐ

あらかじめ湯冷ましに用意した1人分50ml(60mlから2の分を引いた分量)のお湯を、ゆっくりと静かに注ぐ。

5 点てる

POINT
「川」の字を書くように

底をこすらないよう茶筅を浮かせ、小刻みに動かしてお茶を点てる。空気を巻き込むイメージでふんわり泡立てよう。力を入れすぎて茶筅の穂先が傷まないように、注意しながら点てよう。

6 仕上げる

POINT
「の」の字を書くイメージで

きめ細やかな泡が立ったら完成。出来上がりは茶碗の⅓くらいの量になる。最後は「の」字を書くように茶筅を動かし、茶碗の中央で茶筅をスッと上に引き上げる。

茶筅の持ち方

上から手をかぶせるようにし、人さし指、中指、親指を添えて持つ。点てるときは手首を前後にやわらかく動かす。

茶種別日本茶の淹れ方 実践

ほうじ茶

香ばしい香りが魅力のほうじ茶は、高温でサッと淹れられる。ほうじ茶好きなら、手作りにもチャレンジしてみて。

この方法で淹れられるその他のお茶
- 玄米茶
- 番茶

材料とレシピ

1人分の目安
お湯………… 120～130ml
ほうじ茶 …………3g

90～100℃

30秒

必要な道具
- 茶碗
- 土瓶
- 大きなスプーン

1 お茶を入れてお湯を注ぐ

POINT 大きなスプーンで

POINT ポットから直接入れてもOK!

お茶を計量して土瓶に入れる。ほうじ茶は大きくてカサがあり、見た目の分量よりも軽いため、大きめのスプーンを使うとよい。大きなスプーン1杯は約3g。熱湯は人数分を一度に入れて香りを立たせる。ポットのお湯を直接入れてもOK。

熱湯でサッと淹れて香りを引き出す

ほうじ茶はカフェインの含有量が比較的少ないため、子どもからお年寄りまで、みんなで楽しめるお茶。口の中をさっぱりさせてくれるので、脂っこい食後の口直しにも向いている。

そして何といってもほうじ茶の一番の魅力は、高温で炒った独特の香ばしさ。この特徴を引き立たせるには、沸騰させたお湯が冷めないうちに一気に淹れ、30秒で茶碗に注ぐ。

茶器は急須を使ってもよいが、保温性のある厚手で大きめの土瓶がおすすめ。茶碗は肉厚の大きめのものが向く。

また、熱湯でお茶を淹れると、1煎目でほとんどの成分が出てしまうため、ほうじ茶は煎を重ね（2煎目、3煎目と出すこと）ず、淹れるたびにお茶をかえたほうがおいしく飲める。

ちなみに、ほうじ茶と同様の方法で淹れる番茶や玄米茶も、煎がきかないお茶なので、そのつどお茶をかえよう。

茶葉をやかんで煮出す場合

番茶など手軽に飲みたいお茶は、一度にたっぷり煮出しておくのもおすすめ。やかんに1.5ℓ程度のお湯を沸かし、沸騰したら弱火にして番茶を手でふたつかみほど入れて、1〜2分煮出す。そのまま冷まして飲むのもよい。

2 手早く注ぎ分ける

土瓶にふたをして、30秒ほど待つ。熱湯を使うとほうじ茶の成分がすばやく浸出して香ばしい香りが立つ。より濃い味にしたい場合は、好みで浸出時間を延ばしてもよい。人数分の茶碗に廻し注ぎ、色と量を同じにする。

自家製ほうじ茶のつくり方

時間が経って風味の落ちたお茶を、香ばしいほうじ茶としてよみがえらせよう。

つくり方はいたって簡単。お茶を茶こしでふるい、焦げやすい細かい部分を取り除いたらフライパンで炒るだけ。〝中火の遠火〟を心がけ、フライパンを少し持ち上げた状態で振り動かすとよい。お茶が茶色っぽくなったら火を止めて余熱を通し、香りが立ったら完成。IHコンロの場合は箸でかき混ぜながら炒り、焦げつきを防ごう。

用意するもの

- お茶（煎茶や茎茶など）
- フライパンや厚手の鍋
- 茶こし

お茶は茶こしでふるっておく。

焦げないように振り動かす。お茶はにおいをとてもよく吸着するので、できるだけきれいなフライパンを使うか、ホイルなどを敷く。

完成！

茶種別日本茶の淹れ方 実践

釜炒り茶

香りが特徴のひとつである釜炒り茶は、熱めに淹れるのがコツ。上手に淹れて、「釜香」といわれる香りを楽しもう。

熱めのお湯で香ばしさを引き出す

釜炒り茶とは、主に九州地方でつくられている昔ながらのお茶。ほとんどの緑茶が生葉を蒸して製茶するのに対し、釜炒り茶は生葉を鉄の釜で炒ってつくる。

形に自然な丸みがあり、煎茶に比べると容量がかさばるため、ティースプーンを使って計量する際は、1杯を山盛りにすくうようにしよう。

そして、おいしく淹れる一番のポイントはお湯の温度。鉄釜で炒ったことから生まれる香ばしい釜香を引き出すためには、80～85℃とやや熱めのお湯で淹れる。

また、釜炒り茶は大きめの急須でたっぷり淹れると、より香りが引き立つ。

さっぱりした飽きのこない味なので、上手に淹れて、日常使いのお茶として楽しもう。

材料とレシピ

1人分の目安
- お湯 ………… 70ml
- 釜炒り茶 ………… 2g

 80～85℃

 30秒

必要な道具
- 茶碗
- 急須
- ティースプーン
- 湯冷まし

1 お茶を入れ、お湯を注ぐ

計量した人数分のお茶を、大きめの急須に入れる。ティースプーンに山盛り1杯が、釜炒り茶の1人分2gの目安。沸騰させたお湯は、一度湯冷ましに移しかえてから急須に注ぐ。

2 最後の一滴まで注ぎきる

急須にふたをして30秒待ち、急須の中を確認して茶が開いていたら出来上がり。人数分の茶碗に少しずつお茶を注いでいき、どの茶碗のお茶も色と量が同じになるように廻し注ぎをして、最後の一滴まで注ぎきる。

茶種別日本茶の淹れ方 実践

粉茶

お寿司屋さんでおなじみの粉茶。急須なしでさっと淹れられるので、手早くお茶を飲みたいときにおすすめ。

急須を使わずかんたんに淹れられる

粉茶は濃厚な渋味とコクが特徴で、その渋味がお刺身やお寿司などの生ものを食べたあとに、口の中をさっぱりとさせてくれる。

粉茶の淹れ方は、とてもシンプル。金属製や竹製の茶こしを茶碗の上にセットして、直接お湯を注ぐだけ。

急須を使わず茶こしだけで淹れられるが、急須を使う場合は、かご網（148ページ参照）の急須や、深蒸し煎茶用の茶こしがついた急須などがおすすめだ。このとき、網目に粉がつまらないように気をつけよう。

また、粉茶はお湯を注ぐとお茶の成分が一気に出るので、1煎ずつお茶をかえるのが基本。

材料とレシピ

1人分の目安
お湯……… 120ml
粉茶……… 2～3g
80～85℃
—

必要な道具

- 茶碗
- 茶こし（目の細かいもの）
- ティースプーン

1 茶こしをセットする

POINT 茶碗に直接茶こしをのせる

目の細かい茶こしを茶碗の上にのせて粉茶を入れる。ティースプーン1杯が1人分2gの目安。茶こしは茶碗の口の部分にのせられるサイズだと使いやすい。

2 お湯を注ぐ

POINT 目の細い茶こしを使う

ポットから茶こしに直接、お湯を注ぐ。お湯が粉茶にまんべんなくあたるように、茶こしを軽く動かしながら淹れるとよい。

茶種別日本茶の淹れ方

冷茶 実践

夏の水分補給に活用したい冷茶。美しい水色で、おもてなしにもおすすめ。

材料とレシピ

1人分の目安

お湯……10ml
お茶……3g
氷……2個
水……90ml

80℃

1分

必要な道具

- グラス
- 急須

1 お湯を注ぐ

計量したお茶を急須に入れる。お茶の量は通常よりやや多めにし、1人分約3gが目安。お茶がひたひたになるように1人分10ml程度のお湯を注ぎお茶が開くまでひと呼吸おく。

2 氷を入れる

大きめの氷をふたつほど急須に入れて湯の温度を下げる。このひと手間で、香りと味わいが増す。

3 水を入れる

水を注いで1分間ほど待つ。きれいな緑色になったら完成。急須を少し揺らして均等にならしてグラスに注ぐ。

見た目も涼やかな冷茶はおもてなしにも活躍

緑茶のうま味を堪能するのにぴったりの冷茶。低い温度で淹れるため、渋味成分を抑えられる一方で、甘味やうま味成分のアミノ酸をしっかり浸出することができる。

お茶の分量は心もち多めにして、濃い目に出すほうがおいしいとされる。使うお茶によってさまざまな冷茶が楽しめるが、おすすめは深蒸し煎茶。色がきれいに出るので、ためしてみよう。

また、冷茶はつくり方によっても味わいが変化する。

あまり時間がないときや急な来客には、お湯を入れたあと、氷と水で冷やす方法が向いている。氷と水で一気に冷やすことであと味が引き締まり、緑茶の爽やかな香りと味が楽しめる。さらに手軽な淹れ方として、水出し式もある。

とくに上質なお茶を使うときは、氷のしずくだけでじっくりつくる氷出し式で味わうのもおすすめ。シーンに合わせて使い分けてみよう。

◆水出し式

必要な道具

- グラス
- 急須

材料とレシピ

1人分の目安

水……60ml
お茶……3g

3〜5分

1 水を注ぐ

急須にお茶を入れ、水を注ぐ。茶がしっかり水に浸かるように、茶と水の分量を考慮しよう。

2 しばらく待つ

お茶の成分が浸出されるまで3〜5分待ち、グラスに注ぐ。

◆ロック式

必要な道具

- 耐熱グラス
- 急須

材料とレシピ

1人分の目安

お湯……60ml
お茶……3g
氷……適量

80〜85℃

1分

1 お湯を注ぐ

急須に多めのお茶を入れ、濃い目のお茶をつくる。通常より少し高温の80℃のお湯を注いで、渋味をさっと浸出させる。

2 氷を入れたグラスに注ぐ

容量200mlくらいのグラスに、大きめの氷を入れておく。急須のお茶を氷にあてて急冷しながらグラスに注ぐ。

◆氷出し式

必要な道具

- グラス
- 急須または湯冷まし

材料とレシピ

1人分の目安

お茶……3g
氷……適量

氷がとけたら飲み頃

急須か湯冷ましの底にお茶を薄く広げ、大きめの氷をのせる。とけた氷のしずくで、少しずつ浸出してきたお茶を味わう。

茶種別日本茶の淹れ方 実践

ティーバッグ

手軽なティーバッグも、丁寧に淹れればおいしいお茶になる。コツを覚えれば、オフィスなどでも活躍するはず。

材料とレシピ

1人分の目安
お湯………… 120ml
ティーバッグ… 1個

70～80℃

30秒～1分

必要な道具

- 茶碗
- 小皿

1 適温のお湯に入れる

沸騰させたお湯を茶碗に注ぎ、70～80℃くらいに温度が下がるまで待つ。手でやっと持ち続けられるくらいになったら適温。ティーバッグを湯の中に入れて、急須のイメージで小皿を使ってふたをして待つ。

POINT
小皿で
ふたをする

2 最後の一滴まで落とす

好みで30秒～1分待ち、ふたをとってティーバッグを取り出す。引き上げてしばらくは茶碗の上でキープし、最後の一滴までお茶を落としきる。1煎目でほとんどの成分が出るので、そのつど新しいものに取りかえる。

お湯を冷ます ひと手間がポイント

最近では、上質な茶でつくられた本格的なティーバッグも登場し、急須がなくてもおいしい日本茶を楽しめるようになってきた。おいしく淹れるコツは、熱湯をそのまま使わないこと。通常のお茶と同様に、少し冷ましたお湯を使うと、味がまろやかになる。急須がある場合は、人数分のティーバッグを急須に入れて、まとめてお湯を注いでもＯＫ。

緑茶は生鮮食品として扱おう！

日本茶の保存方法

大事にとっておいたお茶を久しぶりに飲んだら味が変わっていた、そんな経験はないだろうか。正しい保存方法をぜひ知っておこう。

10日分を茶筒などに入れる！

お茶は夏場は半月、冬場は1カ月程度で使いきれる量を購入するのが基本。開封したら10日分程度を茶筒などの密閉容器に入れる。お茶はにおいや湿気を吸収しやすいので、密閉して冷暗所で保存する。光にも弱いので、ガラス瓶などは避けよう。

残りは厳重に保存を

残りはより厳重に保存しておきたい。ファスナー付きポリ袋を使うと、においや湿気から守ることができるのでおすすめ。

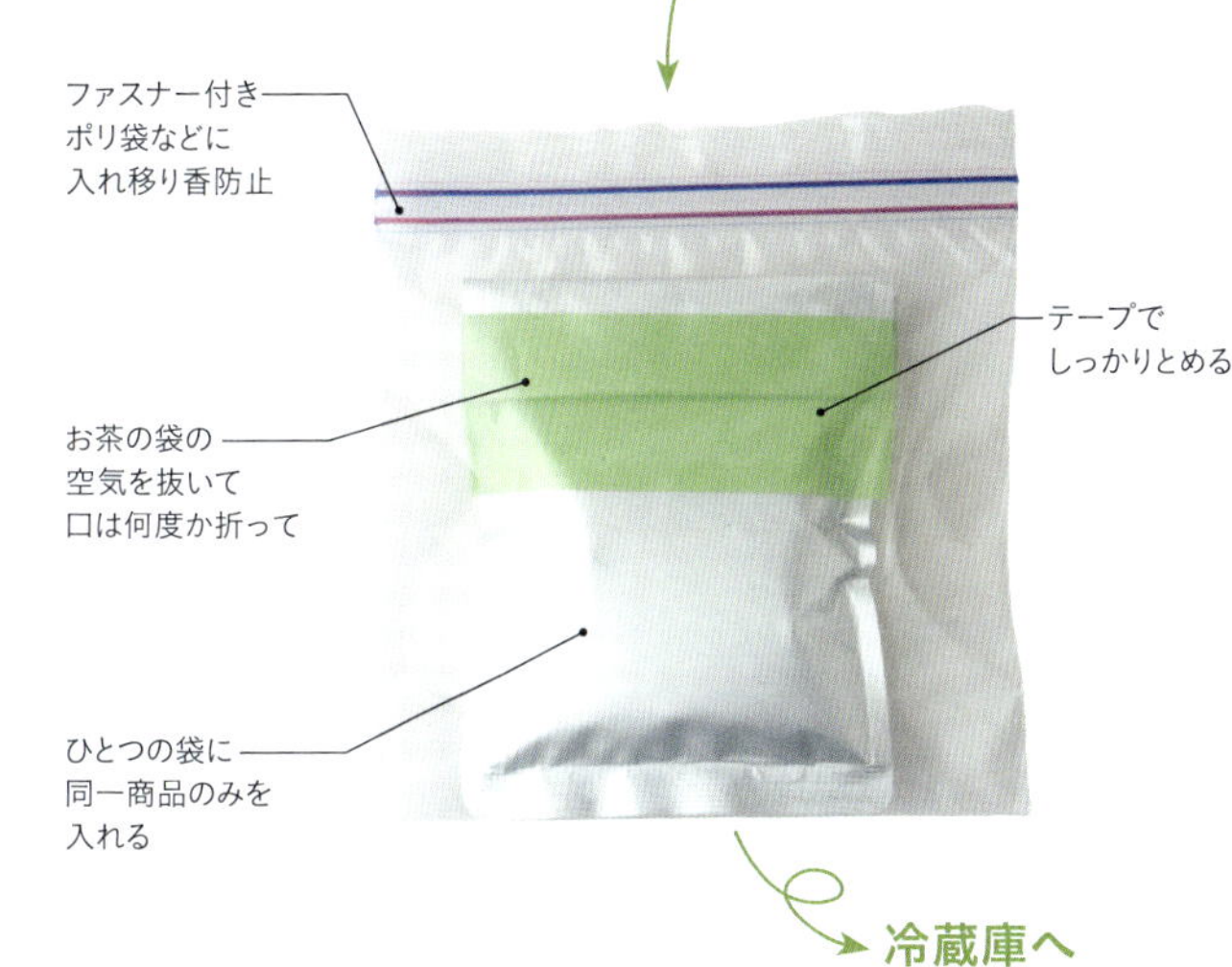

冷蔵庫へ

家庭ではお茶は5℃〜10℃で保存したいので、密封したら冷蔵庫で保存。

お茶を保存するときは湿度やにおいに気をつける

お茶は乾物だから保存がきく、と思っている人は多いかもしれない。でも実は、緑茶は鮮度も大切。湿気や温度、光などの影響を受けやすく、周囲のにおいも吸着するため、そのままでは味も香りも弱まってしまう。保存方法には充分気を配りたい。

お茶がたくさん手に入ったときは、10日分ずつ小分けするとよい。それぞれを密封してから、さらにファスナー付きポリ袋に入れて保存する。お茶に最適な環境は涼しくて暗い場所。家庭では冷蔵庫にしまうのがおすすめだ。

ただし、冷蔵庫から出すと、温度差で袋が結露して、そのまま開けるとお茶が湿気ってしまうので気をつけよう。冷蔵庫から出して少し時間をおき、常温に戻してから開封するとよい。

とはいえ、たとえ密封していても少しずつ鮮度は落ちていくものなので、お茶は早めに味わいたい。買うときは使いきれる量ずつにするのが基本だ。

マイ茶器を見つけよう

急須の選び方

日本茶を楽しむためには欠かせない道具、急須。手になじんで使いやすく、手入れのしやすいものを選びたい。

素材や網にこだわって慎重に選ぶ

急須を選ぶときには、素材、形、網の3つをチェックしよう。

素材は、それぞれのよさもあるが、お茶の味をまろやかにするとされる炻器（せっき）や、ガラス質でにおい移りがしにくい磁器がおすすめ。

お茶の種類によっても異なるが、形は、使う人が持ってみて、手になじむものを選ぶとよい。また、茶殻の始末がしやすい形状であることも大切。

そして、大きなポイントとなるのは網の種類だ。目詰まりしにくく、手入れのしやすいものを選びたい。

素材（焼き物）のいろいろ

焼き物は主に陶器と磁器に分かれるが、急須はその中間とされる炻器製が多い。炻器には多くの孔（あな）があり、余分な成分を吸着するためお茶がおいしくなるといわれる。デザイン性に富んだ磁器製のものも人気がある。

常滑焼（とこなめやき）（炻器（せっき））

朱泥（しゅでい）の急須などで知られる。鉄分を多く含む粘土でつくられ、「酸化焼成」で焼かれて朱色になる。酸化鉄の含有量が多く、お茶のタンニンと反応して、お茶をまろやかにするといわれている。愛知県常滑市を中心としたエリアでつくられている。

萬古焼（ばんこやき）（炻器（せっき））

紫泥（しでい）の急須で知られる。鉄分を多く含む粘土でつくられ、「還元焼成」で焼かれると紫褐色になる。鉄分がお茶のタンニンと反応して渋味をやわらげ、お茶のうま味がひきたつといわれる。三重県四日市市で生産されている。

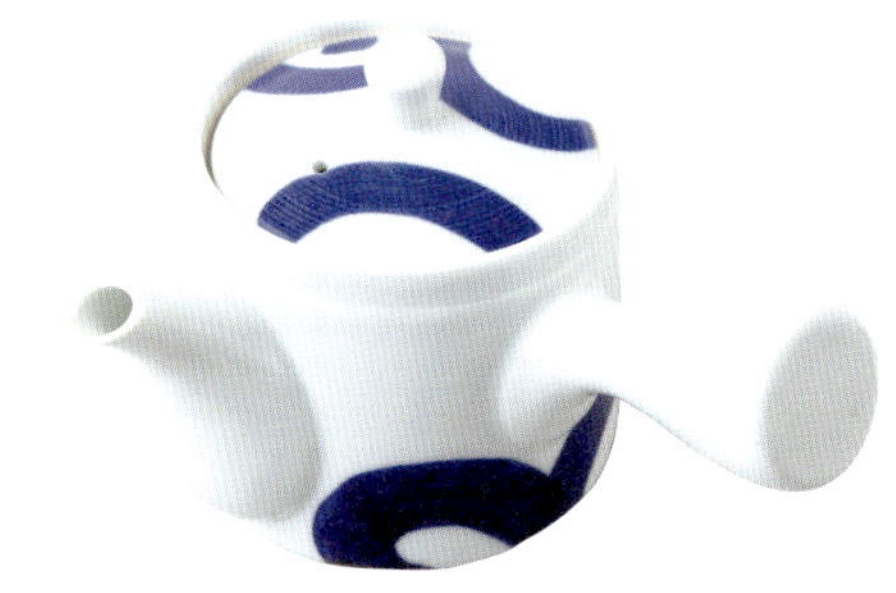

磁器（じき）

ガラス質で透明度の高い白色の焼き物。磁器には吸水性がなく、においなどが移りにくいため、いろいろなお茶に使うこともできる。有田焼や九谷焼が有名。

協力／山一加藤商店

サイズの目安

煎茶を2～3杯淹れるのに適した急須のサイズは、容量250㎖（目安として持ち手以外の部分が直径10㎝）くらいのもの。左表を参考に、淹れる杯数やお茶の種類にあわせてチョイスを。

気をつけたいのは、「大は小を兼ねない」こと。大きな急須で少量を淹れようとすると、湯温が下がったりお茶が湯に十分に浸からないことがあるためだ。

茶種ごとの適した容量の目安

	急須	茶碗のサイズ（満注の量）
玉露	90ml	40ml
上級煎茶	250ml	100ml
中級煎茶	600ml	150ml
番茶・ほうじ茶	800ml	240ml

※お茶を淹れるときは「茶碗の八分目×人数」の湯量となる。

形のいろいろ

急須は、持ち手の位置で種類を分ける。
それぞれ使い勝手に特徴があることを知っておこう。

横手型

日本独自のデザイン。横に棒状の持ち手があり、親指でふたをおさえながら片手でも注ぐことができる。

後手型

中国発祥の形で、注ぎ口の反対側に丸形の持ち手がついたポット。中国茶や紅茶のポットはこの形。

上手型

上に持ち手がついたもの。持ち手は竹など、本体とは別の素材のものが多く、熱々の湯を入れても持ちやすい。ほうじ茶や番茶など、熱い湯でたっぷり淹れるお茶に向く。

宝瓶（ほうひん）

持ち手のない急須。片手で持てる大きさで、低温の湯で少量淹れる玉露やかぶせ茶、上級煎茶に用いる。熱い湯を入れると持てなくなるので、ほかのお茶にはあまり使わない。

急須の網のいろいろ

急須の使い勝手を大きく左右する網。さまざまな種類があるので、それぞれの長所・短所を知って選びたい。

ささめ

本体と同じ素材でつくられた茶こし。きめ細かな網だが目詰まりしやすいので、手入れが必要。主に普通蒸し煎茶用。

帯網

細かなステンレスの網が、内側を帯状に360度ぐるりと囲んでいるもの。目詰まりしにくく注ぎやすい。

平網

注ぎ口の部分に、大きく細かなステンレス製の網がかかっているもの。目詰まりしにくく、注ぎやすい。

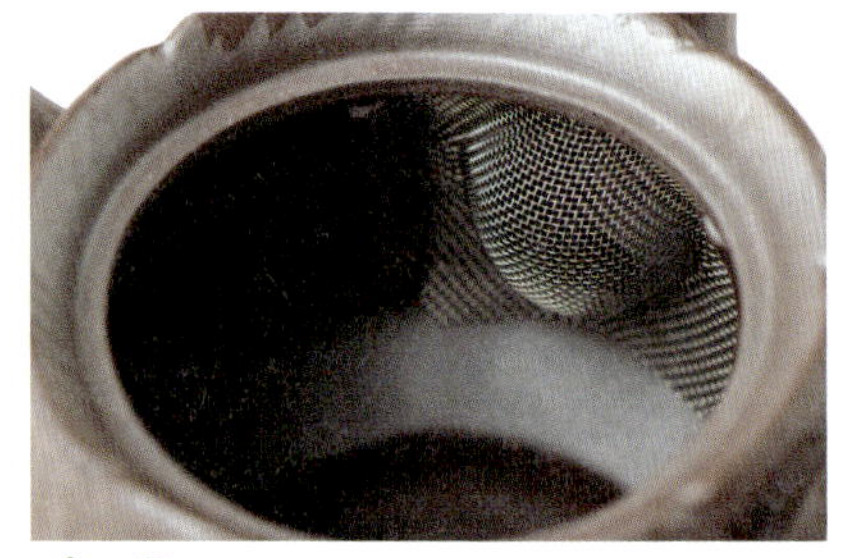

ポコ網

注ぎ口の部分に、丸く出っ張った形の網がかかったもの。網を膨らませて表面積を広げてある。

底網

底全体に、細かなステンレスの網が張られたもの。少量を淹れる場合に、湯が行き渡らず成分がしっかり出ないこともある。

かご網

取り外しができるかご状の網。手入れが楽なので人気があるが、お茶が広がるスペースが少なくなるため、成分がしっかり出ないこともある。できるだけ大きな網がよい。

急須の手入れ

意識しないとおざなりになってしまいがちなのが急須の手入れ。おいしいお茶を飲むために、しっかり行おう。

茶殻を残さないこととしっかり乾かすことが大事

急須をきれいに保つことは、おいしいお茶を楽しむための重要ポイント。お茶の色や味がおかしい、というときの原因が、急須の網や注ぎ口部分などに残った茶殻だったということもある。

使用したら毎回、茶殻をきれいに洗い流すのはもちろん、中をしっかりと乾燥させることが大事。水分が残っていると蒸れてにおいがこもったり、残っていた茶殻にカビがはえてしまったりすることもある。洗い終わったらお湯を通し、ふたをせずに伏せておいて中を乾かす。

また、もしも漂白剤を使ってにおいが残ってしまったときには、お茶には消臭作用があるので、茶殻を入れて消臭するとよいだろう。

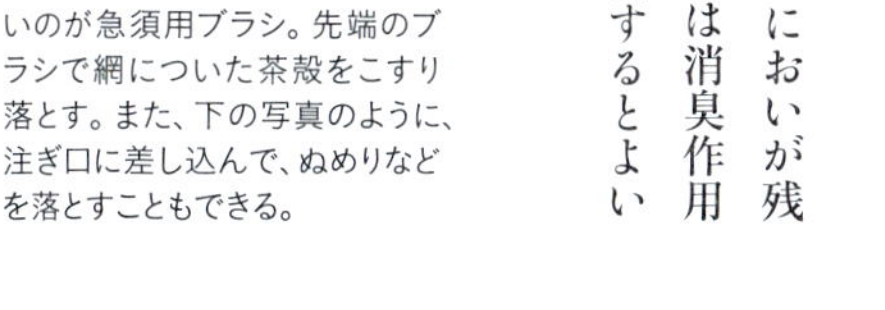

急須の手入れに、持っておきたいのが急須用ブラシ。先端のブラシで網についた茶殻をこすり落とす。また、下の写真のように、注ぎ口に差し込んで、ぬめりなどを落とすこともできる。

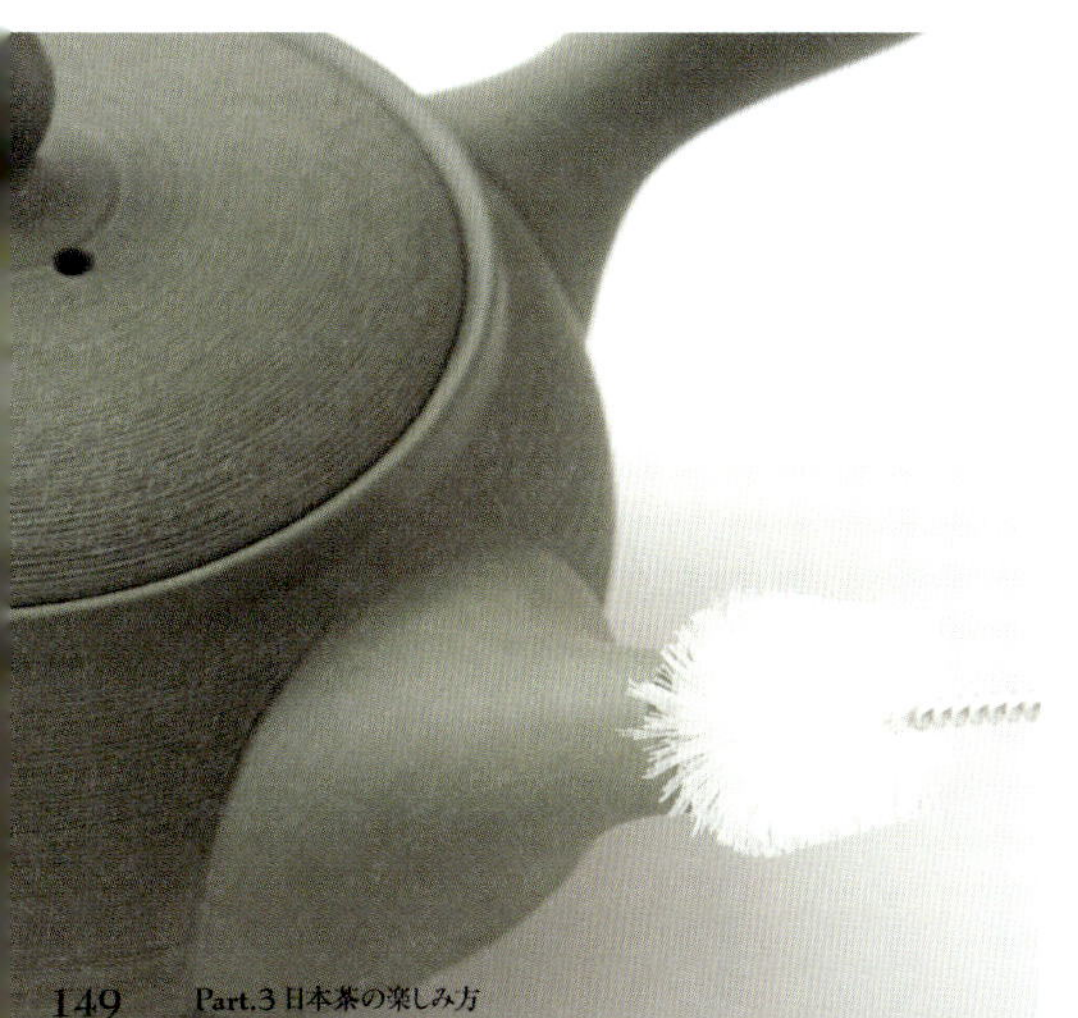

ビニールキャップは外して使う

購入した急須の注ぎ口に透明なキャップがついていることがあるが、これは流通時に割れないようにとつけられた保護用のカバー。衛生的におすすめできないので、外して使うのが正解。

マイ茶器を見つけよう

茶碗の選び方

茶碗の選び方にきっちりとした決まりはないが、お茶の種類で使い分けたほうが、よりおいしく楽しめる。

茶種にあわせて素材やサイズを使い分ける

茶碗の種類は多種多様にある。日常的には、自分が気に入ったものを使うのがよいだろう。とはいえ、茶碗によって味や香りの感じ方に違いが出るので、ある程度は使い分けたい。

一般的には、玉露やかぶせ茶、上級煎茶には、薄手の磁器製のものが向いていて、熱々を楽しむほうじ茶や番茶、玄米茶には、やや大きめで厚みのある陶器製の茶碗が向いている（サイズの目安は147ページの表を参照）。

まずはこれらふたつのタイプを揃えるとよいだろう。

形のいろいろ

汲み出し茶碗

背が低く、口が広がった形で、香りが立ちやすい。煎茶に向く。玉露にはこの形で小ぶりのものを。

筒茶碗

縦長のシルエットで、湯が冷めにくいので熱々を楽しむほうじ茶、玄米茶などに向く。

ふたつき茶碗

おもてなしの席など、来客にお茶を出すときに向く。改まった印象を出したいときに。

素材のいろいろ

磁器

薄く、つるりとした口当たり。

陶器

厚みがあり、素朴な質感。

ガラス器

冷茶には涼しげなガラス器も似合う。

協力／山一加藤商店

お茶の見え方を左右する内側の色

お茶を飲むときには、茶碗の色にも気を配りたい。お茶の水色の見え方に大きな差が出るからだ。

やはり、内側が白い中白と呼ばれるものがお茶の水色がよくわかる。さらに白のなかでも黄みがかったものより、青みがかった茶碗のほうが緑色がよく映える。

白い茶碗でも中に柄があると見え方に影響が出る。とくに赤は影響が大きく、水色が赤みがかって見えるので、上級茶などで水色も楽しみたいときには、内側は無地のものを選ぶとよい。

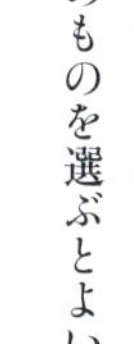

同じ色と形の茶碗でも中に色があると、水色が違って見える。底に赤い模様が入っている右の茶碗では、お茶の色が赤っぽく見える。

色のいろいろ

同じ上級煎茶を入れてみると…

同じ白い茶碗でも、微妙な色の差で水色が違って見える。陶器や色のある茶碗では、水色の判断は難しい。

ひとつは持っておきたい白い茶碗。水色を比べるのもお茶の楽しみのひとつだ。

和菓子とベストマッチな日本茶を探る

日本茶×和菓子

お茶請けの選び方

さまざまな茶種がある日本茶は、お茶請けとの組み合わせも意識したい。お茶請けの定番・和菓子のなかから代表的なものをピックアップした。

日本茶と密接に関わる和菓子発展の歴史

お茶でほっとひと息つきたいとき、おいしいお茶請けは欠かせない。お茶請けは日本茶との組み合わせしだいで、お互いの味を引き立て、それぞれを単品で味わうよりもさらにおいしいと感じる、絶妙な組み合わせもある。お茶請けにできる食べ物は無限にあるが、やはり和菓子ははずせない。渋味のある日本茶と、濃厚な甘味の和菓子は、相性抜群だ。

和菓子の歴史は日本茶と密接に関わってきた。鎌倉時代に茶の栽培が広まると（158ページ参照）、日本茶と一緒に食べるお茶請けが求められるようになったようだ。当初は木の実や果物などが出されていたが、羊羹の原型となるものなども供されるようになる。室町〜安土桃山時代になると、武家の間で茶の湯が普及。しだいに茶席で和菓子を出すという概念が確立された。江戸時代になると、繊細で美しい京菓子が茶席の菓子として発展していく。のちに江戸でも菓子づくりの文化が開花し、寒天を使ってつくる練り羊羹などが誕生。現代と同じ製法の和菓子が次々と誕生していく。

日本茶と密接に関わり、発展してきた和菓子。今回は代表的な和菓子と、それにぴったりな日本茶をセレクトした。紹介する組み合わせを参考にして、いろいろなお茶請けを試してみてほしい。

練りきり × 玉露 抹茶

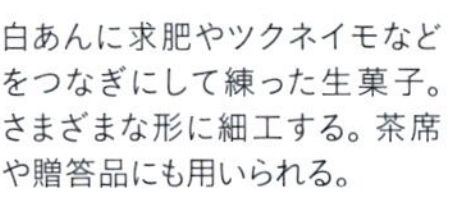

白あんに求肥やツクネイモなどをつなぎにして練った生菓子。さまざまな形に細工する。茶席や贈答品にも用いられる。

見た目に美しい練りきり。特別感のある玉露や抹茶など、上等なお茶を合わせて、上品な甘さをじっくり堪能したい。

わらびもち × かぶせ茶 蒸し製玉緑茶

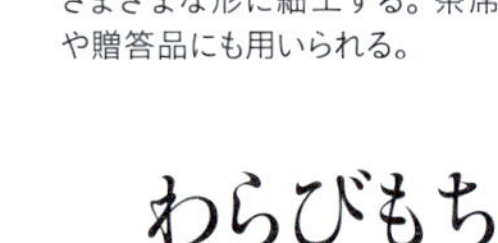

わらび粉に砂糖と水を加えて、冷やし固めた生菓子。わらび粉はわらびの根からとったでんぷん。きな粉や黒蜜をかけて食べる。

ほのかな甘味ときな粉の香ばしい香りが特徴のわらびもちには、渋味の少ないかぶせ茶や蒸し製玉緑茶がおすすめ。

鹿の子 × 蒸し製玉緑茶

もちや求肥を、蜜漬けの豆で隙間なく覆ったもの。小豆やうぐいす豆などが使われる。小豆のものは「小倉野」と呼ばれることも。

鹿の子の蜜の甘さと、豆の香りを絶妙に引き立てるのは、渋味が少なくやわらかな味わいの蒸し製玉緑茶。

おこし × 玄米茶 深蒸し煎茶

蒸して干し、炒った米に砂糖や水あめを混ぜて固めたもの。関西風は米を蒸して干したものに砂糖をかけ、乾燥させてつくる。

お米の香ばしさと優しい甘味にマッチするのは、同じくお米の入った玄米茶や、あと味がすっきりした深蒸し煎茶。

くず饅頭 × 茎茶 深蒸し煎茶(冷茶)

くず粉でつくった透明な生地であんを包んだもの。よく冷やして食べる、夏向けの和菓子。「水饅頭」ともいう。

見た目も食感もひんやり涼やかなくず饅頭には、すっきり系の茎茶を。深蒸し煎茶の冷茶で爽やかにいただくのも◎。

すあま × 煎茶

上新粉を蒸したものに、砂糖を加えこねたもの。楕円やかまぼこ型に成形される。縁起を担いで、紅白に着色されることが多い。

もちもち食感とやわらかな甘味を持つすあまによく合うのはポピュラーな煎茶。煎茶の渋味で、お互いの味を引き立てあう。

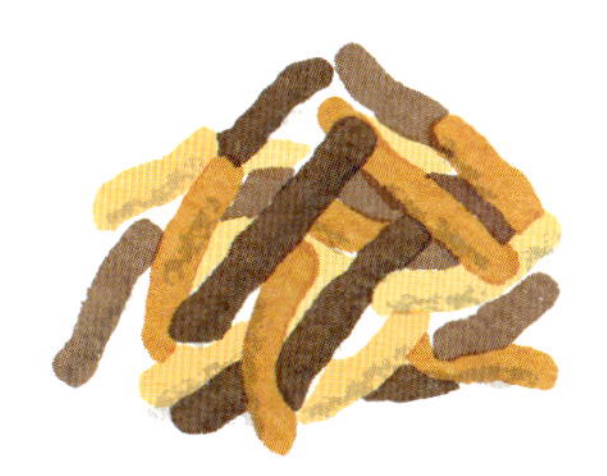

かりんとう × ほうじ茶 釜炒り茶

小麦粉と砂糖などでつくった生地を油で揚げ、上から砂糖をまぶして乾燥させたもの。黒砂糖や水あめなどをまぶすことも。

コクのある甘さが魅力のかりんとうには、すっきり軽いほうじ茶や釜炒り茶を。油っぽさを軽減してくれる効果も。

TEA BREAK ティーブレイク

茶殻の活用法

お茶を飲んだあとに出る茶殻は、実はさまざまな用途がある。エコにもなるので、捨てずにどんどん活用しよう。

茶殻を乾燥させて使う場合の準備

消臭剤などに茶殻を使う場合は、乾燥させる必要がある。天日干しでもつくれるが、電子レンジにかけるのが手軽でおすすめ。できた乾燥茶殻は、お茶パックなどに入れて使おう。

食べる

茶殻をそのまま おひたしなどに

茶殻に残った栄養を丸ごと摂取できる。醤油や白だしなどをかけていただくお浸しが簡単だが、白和えなどにしてもおいしくいただける。茶葉のやわらかい玉露や上級煎茶がおすすめ。

消臭

台所

消臭・殺菌効果があるので、まな板や鍋、包丁などをふくとよい。消臭剤として乾燥させた茶殻を冷蔵庫に入れるのもおすすめ。

収納

乾燥させた茶殻を布袋などに入れて、においのこもりやすい下駄箱や洋服だんすに、消臭剤として入れておく。靴の中に直接入れてもよい。

魚料理

魚を焼いたあとのグリルに、茶殻を振りかけると消臭できる。また魚と一緒に煮ると生臭さがやわらぐ。

掃除

掃き掃除

畳や床によく絞った茶殻をまき、ほうきではく。ほこりを吸着するので、目に詰まったゴミが取れる。

拭き掃除

茶殻を半乾燥させたあとふきんなどに包んで床や柱を磨くと、ツヤツヤと光沢が出る。

さび防止

抗酸化作用があるので、さびやすい鉄鍋や鉄瓶は、茶殻を入れてお手入れを。

その他

入浴剤

お茶パックなどに入れ、入浴剤代わりに。美肌効果があるとされる。茶渋が浴槽に染み付くととりにくいので、使用後はその日のうちに掃除を。

肥料

植木などの根元にまいておくとよいとされる。

Part.4

よりお茶を楽しむために

日本茶を学ぶ

日本茶の含有成分や歴史、
製造工程にいたるまで
奥深い日本茶の知識を紹介。
知ればより日本茶が楽しくなる!

期待できる健康効果を探る

日本茶の成分と働き

渋味、苦味、うま味、甘味など独特の味わいを持つ日本茶には、さまざまな成分が含まれている。飲むと体にどんな働きをもたらしてくれるのだろうか？

緑茶の働き

抗がん作用

がんの成因は複雑だが、緑茶カテキンは、がん化への各過程でがんの発生を抑制する作用を持つといわれている。

ダイエット効果

カテキンとカフェインの相乗効果によって、体脂肪や内臓脂肪を減らす働きがある。こってりした食事のときは、食中や食後に飲んでおきたい。

美肌効果

緑茶のビタミンCは比較的熱に強いため、肌荒れや老化防止に役立つ。茶殻には肌を丈夫に保つ水不溶性のβ-カロテンなども含まれている。

食中毒の予防

コレラ菌をはじめ、食中毒を引きおこす細菌に対して抗菌・殺菌作用がある。お寿司などの生ものと一緒に緑茶を飲むのは、とても理にかなっている。

風邪の予防

抗菌作用、抗ウイルス作用があり、とくにインフルエンザウイルスに効果を発揮。感染が気になる季節は、お茶でこまめにうがいをするとよい。

疲労回復

飲むと頭がすっきりし、集中力が高まるのと同時に、うま味の成分テアニンがα波を出すため、適度な緊張感を保ちつつ心身がリラックスできる。

毎日コツコツ飲んで健康維持に役立てよう

その昔、緑茶は薬として飲まれていたという。近年になって、緑茶の成分の科学的な解明がすすみ、今ではさまざまな効能があることがわかっている。

緑茶の主成分であるカテキンは、とくに優秀な成分。さまざまな病の誘因となる体内の活性酸素を抑制したり、悪玉コレステロールや体脂肪を減らす働きがあり、生活習慣病の予防に期待が持てる。また、ウイルスや細菌、アレルギー予防にもなる。

苦味の成分として知られるカフェインは、眠気覚ましや疲労の回復に役立つ。うま味をもたらすテアニンなどのアミノ酸は、ほっとひと息つきたいときに心身を落ち着かせてくれる。健康維持に欠かせないビタミンやミネラルも豊富だ。

ただし緑茶の成分は湯に20～30％しか溶け出さないため、葉がやわらかい上級煎茶や玉露を淹れたらぜひ茶殻まで味わって。そのまま食べても料理に活用してもＯＫ。貴重な栄養を丸ごと摂れるのでおすすめだ。

緑茶の主な成分

カフェイン

軽やかな苦味が特徴。あと味のさっぱり感をもたらしてくれる。覚醒作用があることでも知られる。

カテキン類

ポリフェノールの一種で、緑茶の味を印象づける渋味や苦味のもとになる成分。抗酸化作用や抗菌作用などの健康効果がのぞめる。冷たい水には溶け出しにくい。

ミネラル類

体のさまざまな機能を調整するのに役立つ成分。とくに老廃物の排出を促すカリウムが豊富。そのほか鉄分、亜鉛、フッ素なども含まれている。

アミノ酸類

テアニンやグルタミン酸をはじめ主に6種類が含まれ、お茶のうま味や甘味に関与する。玉露や上級煎茶にはとくに多く含まれる。低温でも浸出しやすいのが特徴。

日本茶のおすすめ活用法

日本茶にはさまざまな種類があるので、飲むタイミングやそのときの体調から、ぴったりなお茶を選ぼう。

目覚めのお茶には………

上級煎茶

上級の緑茶にはカフェインが比較的多く含まれているので、すっきり目覚めたい朝の一杯におすすめ。熱めのお湯で淹れた煎茶を飲むと、頭がスムーズに働きはじめるはず。

睡眠前には…………………

玄米茶

覚醒作用のあるカフェインが比較的少なく、胃腸への刺激が弱い玄米茶などがおすすめ。煎茶の場合は薄めに淹れるとよい。逆に、玉露や抹茶は睡眠の妨げになることも。

二日酔いには………………

上級煎茶（濃いめ）

カフェインの覚醒作用が頭をシャキッとさせるため、熱いお湯で濃く淹れた上級煎茶を飲むのがおすすめ。ただし、胃腸があまり丈夫でない人は、軽く何かを食べてから飲むようにしよう。

食後には………………………

煎茶　ほうじ茶

煎茶をやや熱めのお湯で淹れて飲むと口の中がさっぱりするうえ、カテキンの効果で虫歯や食中毒の予防につながる。また、脂っこい料理を食べたあとには、香ばしいほうじ茶もおすすめ。

スポーツ前には……………

玉露　上級煎茶

カフェインには筋肉を刺激する作用があるので、多く含む玉露や上級煎茶をやや熱めのお湯で濃く淹れて飲もう。運動をはじめる20〜30分前から、30分ごとにコンスタントに飲むと効果的。

伝来から現在の流通まで

日本茶の歴史

古代中国ではじまったとされる喫茶の文化は、どのようにして日本に伝わり広まったのか。その歴史をひもといてみよう。

日本茶の起源〜鎌倉時代

日本茶のルーツは中国のお茶

喫茶の文化は奈良時代、遣唐使によって中国から伝わったとされる。平安時代の書物『日本後紀』には、嵯峨(さが)天皇にお茶を献じた記録もある。

鎌倉時代には、栄西(ようさい)禅師が留学先の宋からお茶の種を持ち帰り、各地でお茶の栽培が広まるきっかけとなった。この栄西禅師はお茶の効能を『喫茶養生記』という書物にまとめ、お茶の普及に貢献。また、栄西禅師から京都栂尾山高山寺の明恵上人に贈られた茶の種に由来する茶は、のちに由緒正しい茶（本茶）とされた。

室町〜安土桃山時代

時の権力者がお茶づくりを奨励

貴族や武士にも喫茶の習慣が広まり、飲んだお茶の産地をあてる「闘茶」という遊びも登場。足利幕府の3代将軍・足利義満は、お茶を栽培するために「宇治七名園」を開き、宇治茶発展の礎をつくった。

15世紀半ばには、村田珠光(じゅこう)が禅の精神を取り入れた「侘び茶」を考案。それまでの茶会は茶器の鑑賞を中心としていたが、心の癒しや精神性が重んじられるようになる。のちに千利休(せんのりきゅう)が侘び茶をもとに「茶の湯」を完成させ、戦国武将の間で人気となった。

江戸 1603〜1868

安土桃山 1573〜1603

室町 1336〜1573

鎌倉 1185〜1336

1738年

煎茶誕生

宇治の永谷宗円(ながたにそうえん)が、碾茶などの製法を応用し、蒸した葉を焙炉の上で揉みながら乾燥させる、現在につながる煎茶の製法を開発。

16世紀頃

釜炒り茶のはじまり

明の陶工が九州で釜炒り茶をつくっていたとされる。その後、江戸時代に明から来た隠元（いんげん）禅師が、釜炒り茶を紹介したとされる。

鎌倉時代

碾茶伝来（抹茶）

細かく砕いたお茶を、沸騰したお湯に入れてかき混ぜて飲んでいた。現在の抹茶と似た方法で飲用されたと見られる。

江戸時代

現在につながる、さまざまな製法を開発

茶の湯は徳川幕府においても儀式のひとつに取り入れられ、武家社会にすっかり定着した。16世紀には中国から釜で炒る製法が伝わり、その後、蒸し製の煎茶や玉露の製法も開発されて、今日のお茶の土台ができ上がった。

さまざまな古文書の記録からも、江戸時代にお茶づくりがますます盛んになったことがわかり、年貢として納められていたという記録もあるほど。とくに九州の嬉野茶、駿河のお茶、宇治茶などは当時から高級茶の産地として知られていたようだ。

また、問屋・仲買・小売りというお茶の流通経路が整ったのもこの時代。各地に流通の拠点ができたことから、庶民の間でもお茶が日常的な飲み物として親しまれるようになった。

明治以降

やぶきた種が緑茶生産の主流に

開国を契機に、日本茶は生糸とならぶ輸出品に成長。生産効率の向上を目指して、それまでの手揉み製法から機械製法への移行が進んでいく。また、1908年に丈夫で育てやすい「やぶきた」という品種が選抜されると、各地で安定したお茶の生産が見込めるようになった。

1960年代からは国内での需要が伸びはじめ、1990年には手軽に飲めるペットボトル入りのお茶が登場。健康によいとされることからも、緑茶飲料の人気が高まっている。

平成 1989〜

昭和 1926〜1989

大正 1912〜1926

明治 1868〜1912

1950年代頃〜

深蒸し茶誕生

静岡県の牧之原台地周辺で、渋味を抑えるために一般的な煎茶より蒸し時間を長くした製法が開発された。

1932年頃

蒸し製玉緑茶誕生

日本茶の輸出がさかんになり、海外での嗜好に合わせて、葉の形を丸くしたお茶が開発された。形から「蒸し製玉緑茶」と呼ばれるように。

1835年頃

玉露誕生

諸説あるが、江戸の茶商「山本屋」6代目の山本嘉兵衛（かへえ）が開発し、「玉露」と名付けたといわれる。

これだけは知っておきたい！

日本茶のマナー

プライベートやビジネスで、お茶でおもてなしをしたり、逆にもてなされる機会は多い。スマートにこなすポイントを知っておこう。

相手への心配りが最良のマナー

お茶は相手とのコミュニケーションを円滑にしてくれるもの。来客時やビジネスシーンなどでお茶を出すときは、ひとつひとつの動作を丁寧に行うことを心がけよう。たとえば別室で淹れたお茶をテーブルに置く際は、遠くから手を伸ばすのではなく、ひとりひとりの近くからお出しする。

訪問先でお茶やお菓子を出していただく際には、変に遠慮をしないこと。せっかく淹れてくれたお茶が冷めないうちに、おいしくいただこう。そのほうが相手も嬉しいはずだ。あとは基本的な所作をいくつかおさえておけば大丈夫。

〈煎茶〉もてなすときのマナー

正しいお茶の運び方

茶碗と茶托は分けて運ぶ

運んでいる間に茶托にお茶がこぼれてしまうのを防ぐため、お盆の上に茶碗と茶托は別に置いて運ぶとよい。

体の正面から外して持つ

お盆は体の正面から少し外して持つとよい。正面だと運ぶ人の息がかかっているように見え、不快に感じる人もいる。

お盆の上でセットする

お盆の上でひとつずつ茶托と茶碗をセットしてから出す。人数が多い場合は、サイドテーブルで人数分をセットしてから運んでもよい。出すときはもう片方の手を添えるとよい。

マナー 3

お茶とお菓子の位置

お茶は右、お菓子は左

茶碗はお客様の右側に置き、スムーズに持てるよう配慮する。お菓子は左側に置く。やや手前に出すと食べやすくなる。

マナー4 茶托の向き

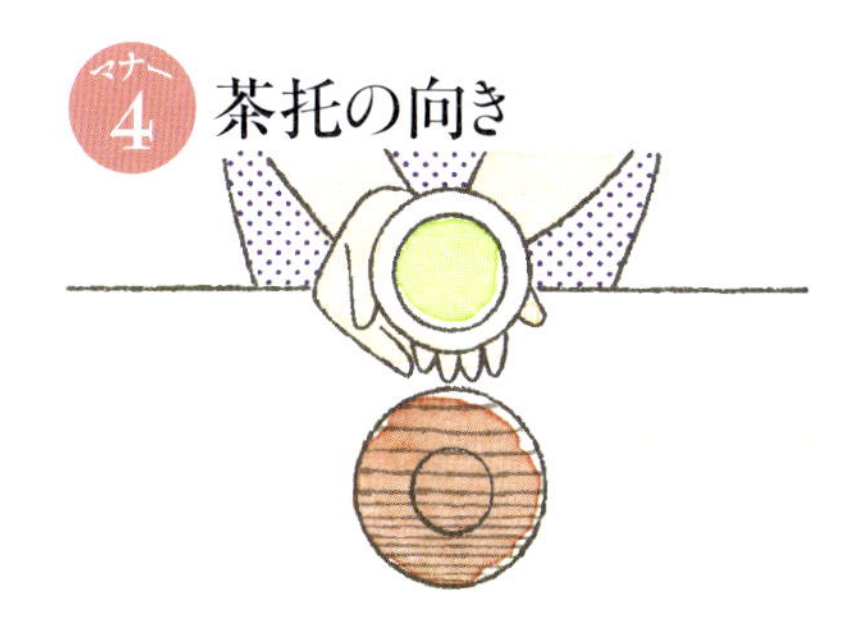

年輪の木目の向きに注意！

木目がお客様から見て横向きになるように置く。縦方向は縁起が悪いとされている。さらに年輪幅の広いほうが茶托の正面になるので、広いほうをお客様に向けて出す。

マナー5 茶碗の向き

柄をお客様に向ける

茶碗の絵柄のあるほうをお客様の正面に向けて置く。無地の場合でも、色むらなどに微妙な違いがあれば、よりふさわしい部分を正面と決め、お客様に向ける。

〈煎茶〉いただくときのマナー

マナー1 茶碗の向き

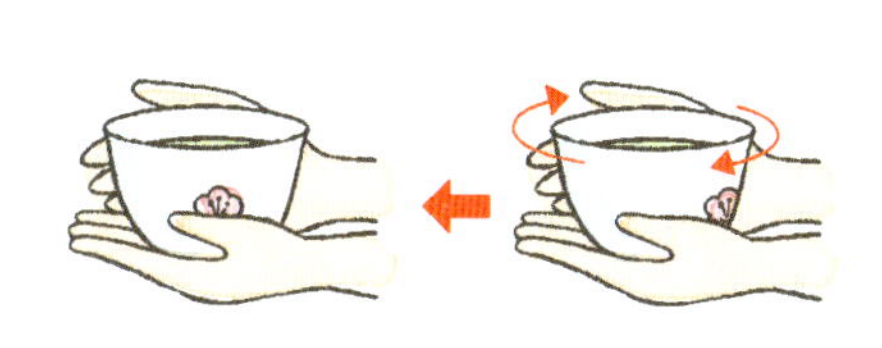

飲むときにずらす

もてなす側は茶碗の正面を向けて出してくれるので、茶碗の正面を避けるようにしてずらしていただくのがベター。

マナー2 ふた付き茶碗は……

ふたを裏返して置く

ふたをそっと開けて傾け、周囲をぬらさないよう内側についたしずくを茶碗の中に落とす。ふたを両手で持ち、茶碗の右奥に裏返した状態で置く。茶托の右側に挟んでもOK。

マナー3 茶碗の持ち方

両手で持つ

茶碗を落とさないように、茶碗を一方の手に乗せ、片手を軽く添えて口へ運ぶ。両手を使うと見た目にも美しい。両手で茶碗を包み込むように持って口元へ運ぶ。

マナー4 お茶の飲み方

音を立てないように

熱いお茶をズズッと音を立てて飲むのがおいしい、という人もいるが、訪問先では静かに飲むのが礼儀。一気に飲み干さず、丁寧に味わうこと。

〈抹茶〉いただくときのマナー

基本さえ知っておけばお茶会でも安心

抹茶というと茶道のイメージがあるせいか、敷居が高いと感じている人も多いはず。でも最近では日本茶カフェがブームになるなど、抹茶をカジュアルに楽しめる機会が増えている。こうしたシーンでは、決まり事にとらわれず、気軽に楽しむのが一番だ。

ちょっとしたお茶会やイベントに参加するときは、大人のたしなみとして最低限のポイントをおさえておこう。

まず、お茶会では最初にお菓子が出てくるが、抹茶の場合は飲みながら食べるのはマナー違反とされている。お茶が出てくる前に食べきるものと心得ておこう。

そして、持っておくと便利なのが懐紙。お菓子が出てきたら、懐紙の上に乗せてようじでひと口ずつ切って食べると、所作が美しく見える。もし食べきれないときは、包んで持ち帰ることもできるので安心だ。

マナー 茶碗の正面は避ける

茶碗は正面を向けて置かれるものと心得て。右手で茶碗をとって左の手のひらにのせたら、正面を避けて飲み、飲み終わったら正面に戻す。

マナー お菓子を先にいただく

抹茶はお茶をまるごと飲むスタイルなので、煎茶よりも刺激が強い。先にお菓子を食べるとその甘味でお茶の渋味が和らぎ、まろやかな味わいに。

豆知識 時計や指輪ははずす

正式な茶会などでは大切な茶碗を傷つけないように、時計や指輪をはじめ、ブレスレットや長いネックレスなどの装飾品は、正装のときもはずすのが望ましい。

何口で飲むの？

1人分ずつ点てる「お薄」と呼ばれる抹茶は、気軽に飲める抹茶なので何口かけて飲んでも構わない。量や温度によっても飲むペースは変わるはず。目の前のお茶を丁寧に味わうことが大事。

すすってもOK？

正式な抹茶のおもてなしには、茶碗を鑑賞するという楽しみもある。飲んだあとに茶碗を裏返し、柄や銘を拝見するためにも飲み残しは禁物。むしろ最後までお茶をすすりきり、1滴も残さないようにしよう。

知っておきたい 茶道の基礎知識

**お茶会に呼ばれる機会はなくても、その概要は知っておきたいもの。
そこで大人ならおさえておきたい、茶道の基本情報を紹介。**

「濃茶」と「薄茶」の違い

濃茶は茶事などでひとつの茶碗に人数分の濃茶を練り、主客から順に回し飲みをするというもの。薄茶は大人数のお茶会などで、ひとりひと碗ずつもてなされる。一般的には抹茶といえば薄茶をさすことが多い。お茶の製法は同じだが、濃茶では上質な茶葉をたっぷりと使い、少量の湯で練るため、かなり味が濃い。

三千家ってなに？

茶道の流派のうち、表千家、裏千家、武者小路千家の総称。千利休の3代目にあたる千宗旦の3人の息子が、それぞれ独立してこれらの流派をつくった。現在にいたるまで千家の茶道を世に伝えている。

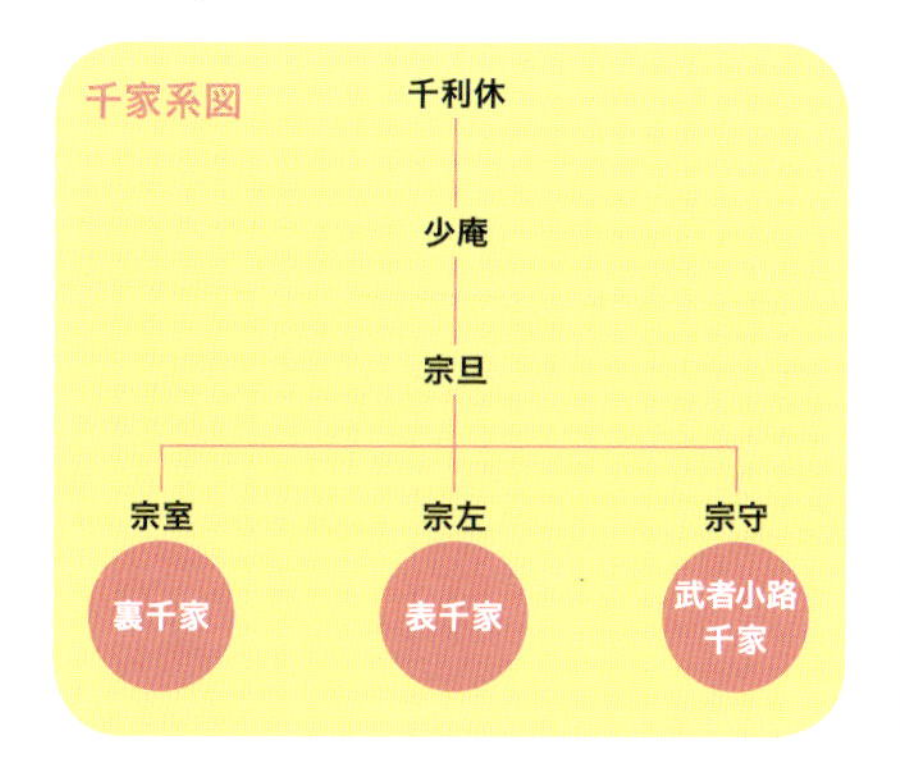

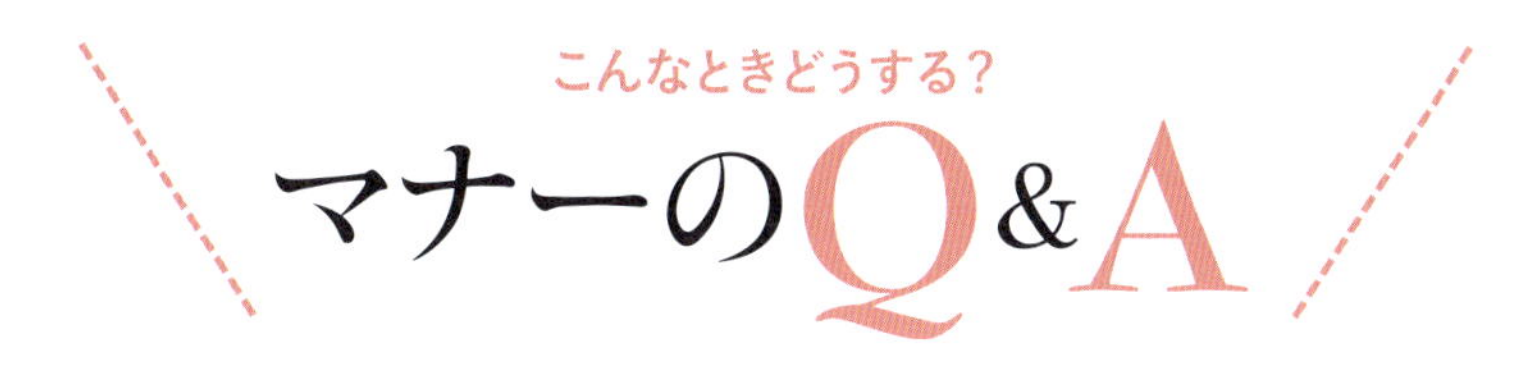

Q 苦手なものを出されたら？

A 出されたものはなるべくいただくのがスマート。ただし、アレルギーや体調不良の場合には、「お気持ちだけ頂戴します」などと言葉を添えてお断りすればOK。それでもすすめられたら理由を話そう。

Q 茶碗はそろえないとダメ？

A ごく親しい間柄であれば、その人の雰囲気に合う茶碗でもてなすのも素敵。ただし、そうでない来客や仕事の関係者であれば、人によって器に違いがあるよりは、揃いの茶碗でお出しするのがスマート。

Q こぼしてしまったら？

A たくさんこぼしてしまったら、もてなしてくれた人にひと言声をかけよう。その場にあるおしぼりなどで、やたらとテーブルを拭かないように。

Q 追加のお茶はどう出すの？

A 2杯目以降のお茶を出す場合は、急須からつぎ足すことはせず、前の茶碗を一度奥に下げてから、淹れ直したものを出す。

日本茶ができるまで

日本茶は商品になるまでにさまざま工程を経てつくられる。主な製造工程を追ってみよう。

荒茶の製造工程（煎茶）

手揉み茶製法

蒸熱（じょうねつ）

蒸籠（せいろう）の中で葉を蒸す

蒸籠の中に摘採した生葉を入れ、30～40秒蒸していく。この蒸す作業を蒸熱という。その後、すぐに取り出してうちわなどで冷ます。

葉ぶるい

加熱した台の上に振り落とし乾かす

葉を加熱した助炭（じょたん）という作業台に乗せて、両手で持ち上げ振り落とす。3割減の重量になるまで乾かす。

回転揉み

葉を転がし水分を揉みだす

助炭の上で、左右に転がすと、葉の組織が壊れ、水分が均一になっていく。

玉解き・中あげ

葉をほぐす

葉のかたまりをほぐして、籠に移し、平らに広げ水分を均一にする。

中揉み

針状に形を整える

葉を助炭の中心に集め、両手でこすり合わせながら旋回させる。左右交互に行うと、針状の形に。

こくり・仕上げ揉み

形と香味をよくする

仕上げに強く握りしめるように揉み、香味をよくする。摩擦によって、葉につやが出る効果もある。

乾燥

さらに乾燥させ荒茶に

助炭に葉を薄く広げ乾かす。均等に乾くように、何度か裏返す。

繊細な技術を要する手揉み茶の製法

煎茶のつくりかたは上記のとおり。まずは生葉を蒸して葉の酵素の働きを止め、揉みながら乾燥させていく。そうして平たい葉が、棒状に整えられる。

江戸時代に誕生した煎茶製法は、かつては、手揉み製茶が普通だった。明治時代に製茶用の機械が発明されると、徐々に発展を遂げ、いまや機械製茶が主流となった。

しかし、手揉みによる芸術的で洗練された技術を残すために、一部の地域では保存会がつくられ、技術の習得と継承に励んでいる。

深蒸し煎茶、かぶせ茶、玉露の製造工程は煎茶とほぼ同じ。

深蒸し煎茶は、その名の通り普通蒸しの煎茶より長く蒸したお茶のこと。蒸熱の際に普通蒸しの煎茶は30～40秒蒸すが、深蒸し煎茶はその2～3倍長く蒸す。

玉露やかぶせ茶は、栽培方法が異なり、被覆栽培された葉が使われるが、煎茶と同じ製造工程でつくられる。

機械製法

生葉

摘んだばかりの状態の生葉。このままだと酵素が働き、発酵が進んでしまうので、できるだけ早く蒸熱工程に入る。

給葉・蒸熱

生葉を蒸気で蒸す

給葉とは、生葉を集め自動的に蒸し器に送ること。その後、生葉の発酵を止めるために蒸す。

粗揉

熱風で揉みながら乾かす

粗揉機と呼ばれる機械の中で葉を揉んで、乾燥させる。機械の中には、手揉みのように圧力を加えられる回転軸があり、熱風をあてながら、揉んでいく。

揉捻

揉みながら水分を均一にする

唯一熱を加えずに揉む工程。粗揉で揉み足りないところを補う。茎などの乾燥しにくい部分の水分を揉み出すようにし、全体の水分を均一にする。

中揉

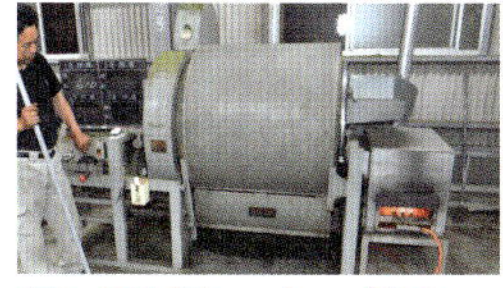

再び熱風の中で揉む

再び、熱を加えながら揉んでいく。回転式の中揉機の中で、葉が細長い形に整う。葉をつかんで離すと、かたまりが自然にほぐれる程度まで乾燥させる。

精揉

形を整えつつ乾かす

凹凸のある洗濯板のような板の上で、さらに揉んで乾かす。乾燥させながら、一定方向に力を加えることで、細長い針のような形になっていく。

乾燥

乾燥させ荒茶に

形が整った葉は乾燥機に送られる。最後に熱風を当てて、さらに乾かしていく。水分含有量が5％程度になれば、荒茶が完成。

荒茶

いくつもの工程を経てできた荒茶。このままではまだ水分量が多いため、このあと、さらに仕上げ加工をする。

さまざまな人の手が加わり ひとつのお茶が仕上がる

日本茶の製造は、分業制だ。葉を摘み、製茶工場で荒茶をつくるまでと、荒茶を商品としてのお茶に仕上げるまでと、大きくふたつに分けられる。

茶園で葉を摘んだら、まずはこれを荒茶に加工しなければならない。摘採した生葉は、放置しておくと品質が低下してしまうためだ。

このため荒茶は、茶園に隣接した荒茶工場で製造される。主に茶農家が行うことが多い。

荒茶を仕上げ茶にする工程（煎茶）

火入れ

再度乾燥させ風味をアップ

荒茶をさらに乾燥して、風味を向上させる。新鮮な香りを残したい新茶や上級茶は低温で、番茶などは香ばしさを出すために高温で火入れすることが多い。

ふるい分け・切断

形を整える

荒茶は葉の大きさが不ぞろいなので、ふるい分けや切断をして形をきれいに整える。

選別・木茎（もっけい）分離

さらに細かく分ける

木茎や細い茎を取り除く。ここで選別された部分は出物といい、茎茶や粉茶などとして売られることも。

合組（こうぐみ）

さまざまな茶をブレンド

茶をブレンドし、需要に応じた茶に仕上げていく。技術や個性が求められる工程。なかには合組を行わないお茶も。出来上がったお茶は、袋や缶に詰められて出荷される。

火入れのタイミングは2通りある

お茶の味を向上させる火入れの作業は、その順番によって先火と後火に分かれる。先火は右図のような順で、選別などの前に行う。後火の場合は選別などを行ったあと、合組の前に火入れする。

合組機に入れる前に、まずは人の手でブレンドの割合を決める。葉の色や形、浸出液の味や香りなど、さまざまな点を検討する（写真上）。お茶の割合が決定したら、合組機で配合する（写真下）。

職人技が必要な仕上げの作業

主に加工業者が行う仕上げ作業とは、荒茶を商品化する工程だ。荒茶は、形が不ぞろいで、比較的水分量が多いので長期保存がきかない。そこで仕上げ工程で、お茶に貯蔵性をもたせ、茶の風味を向上させる。

火入れや合組といった作業は主に機械を使って行われる。しかし、各工程にどのくらい時間をかけるか、荒茶同士をどういった配分でブレンドするか、また、どんな荒茶を買い付けてくるかといったところまでを決定するのは職人。よりよいお茶をつくるために、感覚を研ぎ澄ませて作業を行う必要がある。

ちなみに、茎茶や粉茶などは、荒茶を仕上げる際に、ふるい分けや切断などを行い選別されたものを製茶したお茶。これらを出物という。

また、ほうじ茶や玄米茶などは、上記の工程を経て完成したお茶にさらに手を加えたものだ。

煎茶以外の製造工程

碾茶（抹茶）

抹茶は、原料となる碾茶を茶臼などで挽いたもの。碾茶は玉露同様、被覆栽培で育てた葉でつくられる。
被覆栽培の葉を、煎茶同様、まずは蒸していくが、蒸し時間は20秒程度と短め。その後、散茶機で、くっついた葉を冷ましながらバラバラにしていく。蒸したあと一切揉まないのが、碾茶製造の特徴だ。碾茶炉で葉が重なりあわないように広げて乾燥させ、そのあと茎などを取り除き、「煉り」と呼ばれる仕上げ乾燥を行う。この後、碾茶を茶臼などで挽くと、粉末の抹茶になる。

蒸熱（じょうねつ）
↓
冷却散茶
↓
荒乾燥・本乾燥
↓
木茎分離
↓
煉（ね）り乾燥

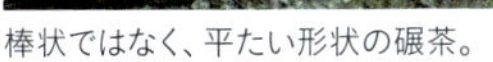
棒状ではなく、平たい形状の碾茶。

茶臼1台で、1時間に挽ける量は、わずか40gほど。

蒸し製玉緑茶

蒸熱
↓
粗揉
↓
揉捻
↓
中揉
↓
仕上再乾
↓
乾燥

煎茶の製造工程から、精揉工程を除いたものと考えればよい。精揉の代わりに、仕上再乾と呼ばれる工程が入る。これは回転式の機械の中で葉を撹拌しながら乾燥させるもの。葉を強く揉まないので渋味がやわらぎ、独特の勾玉状の形になる。

釜炒り茶

炒り葉
↓
揉捻
↓
水乾
↓
締め炒り
↓
乾燥

釜炒り茶は、蒸す代わりに釜で炒ってつくられる。そうすることで青臭さが消え「釜香」と呼ばれる香りが出る。また、精揉工程がないため葉がまっすぐにならずにカールした形になる。ドラム式の乾燥機で乾燥させる水乾と、摩擦で茶を引き締める締め炒りが釜炒り茶独特の工程。

日本茶を楽しむ用語集

日本茶を淹れたり、飲んだりするうえで、知っておきたい用語集。これをおさえておけば、日本茶の楽しみがより広がるだろう。

（あ）

秋番茶【あきばんちゃ】
秋に茶園の整枝をした茎葉を使ってつくられた番茶。

アッサム種【あっさむしゅ】
茶樹の種類のひとつ。耐寒性が弱く、紅茶に向いているといわれる。

アミノ酸【あみのさん】
お茶のうま味や甘味をもたらす成分。お茶特有の成分であるテアニンや、うま味の強いグルタミン酸などがある。日本では上級茶に多く含まれるとされる。

荒茶【あらちゃ】
収穫した生葉を、産地の製茶工場で一次加工した茶。形が不揃いで水分も残っている。このあと、仕上げ加工を行って商品となる。

一番茶【いちばんちゃ】
その年の春に、最初に新芽を収穫した生葉でつくったお茶のこと。収穫時期は産地によるが、3月下旬から5月上旬が多い。初茶、新茶、一番摘みなどともいわれる。

一芯二葉【いっしんによう】
茶を摘み取る方法や、摘み取った葉の状態を指す言葉。まだ開いていない芽先のことを芯といい、芽先がひとつと新葉が2枚ついた状態で摘み取ることをいう。同じく芽先と新葉が3枚で摘み取る一芯三葉という言葉もある。

一煎【いっせん】
お茶を淹れるときの、1回目の浸出液のこと。

薄茶【うすちゃ】
抹茶の一種。濃茶に比べて味わいは淡白。

覆い香【おおいか】
遮光して栽培（被覆栽培）したお茶が持つ特有の香り。青海苔の香りに似ている。玉露や碾茶、かぶせ茶などが持つ。

（か）

かぶせ香【かぶせか】
「覆い香」ともいう。玉露やかぶせ茶特有の香り。

釜香【かまか】
釜炒り茶特有の香り。加熱による香ばしさが加わることで生じる。

雁が音【かりがね】
玉露や上級煎茶の仕上げ加工の際に選別された、茎でつくったお茶の呼び方のひとつ。渡り鳥の雁（がん）が運んでくる小枝が茎茶に見えたことから、茎茶の代名詞になったという説がある。

官能審査【かんのうしんさ】
人間の感覚をもとに行われる、お茶の品質評価方法のひとつ。審査員らが、外観（形や色）と、香り、水色、味を点数で評価する。

寒冷紗【かんれいしゃ】
被覆栽培の覆い資材として用いられる網目状の化学繊維。

機械摘み【きかいづみ】
茶を摘み取る方法のひとつ。動力のついた摘採機によって、効率的に摘むことができる。

金色透明【きんしょくとうめい】
お茶の水色を表現する言葉。煎茶の理想的な色とされてきた。

黒茶【くろちゃ】
後発酵させてつくるお茶のこと。プーアル茶、富山県のバタバタ茶や高知県の碁石茶などが、これにあたる。後発酵茶ともいう。

濃茶【こいちゃ】
抹茶の一種。薄茶に対して濃茶と表現する。使用するお湯の量に対して抹茶の分量が多く、茶筅で練りあげる。茶道の流派にもよるが、薄茶とは異なり数人で回し飲みをするのが一般的。

合組【ごうぐみ】
産地や生産時期が異なるお茶を組み合わせて、飲む人の嗜好に合わせた味にしたり、販売価格に合うお茶をつくったりするために行う。「ブレンド」ともいう。

後熟【こうじゅく】
製造したお茶を、保管・貯蔵している間に起こる香味の変化のうち有益なもの。熟成ともいう。

硬水【こうすい】
カルシウムとマグネシウムの含有量が多い水。お茶を淹れるには、一般的には軟水がよいとされる。

後発酵茶【こうはっこうちゃ】
葉を加熱処理したあと、微生物の力で発酵させたお茶。プーアル茶が有名だが、日本にも富山県のバタバタ茶、高知県の碁石茶などがある。

香味【こうみ】
食品を口に入れたときに感じる香りや味のこと。「風味」とほぼ同義語として使われる。

コク【こく】
味わいを表す言葉で、お茶の場合は浸出液にうま味成分などが多く含まれ、とろっとした様子のことをいう。

(さ)

在来種【ざいらいしゅ】
昔から各地方で栽培されている、品種改良されていない茶の品種のこと。これに対して、人為的に品種改良などを行って育てられる「育成品種」がある。

殺青【さっせい】
生葉を加熱して、葉中の酸化酵素の活性を止めること。本来は、中国の製茶用語である。

三番茶【さんばんちゃ】
二番茶のあとにその年の3回目に摘んだお茶のこと。収穫時期は産地にもよるが、7月上旬から8月上旬。

仕上げ茶【しあげちゃ】
荒茶を加工して、大きさや香味を整える仕上げ加工を行ったお茶。

しずく茶【しずくちゃ】
玉露や上級煎茶などの高級茶を味わう方法のひとつで、九州の八女地方などに伝わる。お茶の葉にごく少量のお湯を加えて、染み出してきたしずくをすするように飲む。2煎、3煎と味わいの変化を楽しめるのが魅力。地方により、すすり茶ともいう。

自然仕立て【しぜんじたて】
茶樹を、自然の形を生かした仕立てにすること。玉露や碾茶など、被覆栽培の手摘み園で見られる。

滋味【じみ】
一般的には「うまい」味わいを意味するが、お茶の場合は品質の審査項目のひとつ。うま味の多少、渋味・苦味との調和、コクやあと味によって総合的に評価される。

浸出【しんしゅつ】
お茶に湯を注ぎ、成分を抽出すること。お茶から浸出した液体を、「浸出液」という。

水色【すいしょく】
お茶を淹れたときの浸出液の色を指す。品質の審査項目のひとつで、透明感や色などを観察して評価する。

整枝【せいし】
茶摘みのあと、次の茶摘みのために茶の木を刈りそろえること。株ならしともいう。

製茶【せいちゃ】
茶園で摘み取った生葉を、加工して茶をつくること。製造と同じ意味で用いられる。

（た）

タンニン【たんにん】
植物に含まれる渋味成分の総称で、緑茶の有効成分として知られるカテキンとほぼ同義。

茶会【ちゃかい】
喫茶を中心とする会合のこと。季節や時間によりさまざまな茶会がある。

茶菓子【ちゃがし】
お茶に添えて出す菓子のこと。高級な和菓子だけでなく、気軽に食べられる庶民的なお菓子を指すことも多い。味も甘いものとは限らない。茶の湯では主菓子（生菓子）と干菓子があり、席に応じて用いられている。

茶樹【ちゃじゅ】
チャの木。照葉樹林帯の植物のひとつで、ツバキ科ツバキ属の永年性常緑樹。学名はCamellia sinensis (L.) O.Kuntze。葉が小さくて耐寒性のある中国種と、葉が大きく寒さに弱いアッサム種に大別される。

茶托【ちゃたく】
客人にお茶を出すときに、茶碗をのせるために使う平らな台皿。

茶品評会【ちゃひんぴょうかい】
茶業者が出品したお茶を品評して、品質を競う大会。全国茶品評会のほか、関東、関西、九州の地域別や主産府県などでも行われている。

中国種【ちゅうごくしゅ】
茶樹の種類のひとつ。耐寒性が強く、緑茶向きとされる。

手揉み茶製法【てもみちゃせいほう】
蒸した茶を人の手で揉んで仕上げる製茶法。現在は、手揉み製法にならった機械製法が主流になっている。

碾茶【てんちゃ】
被覆栽培の茶を蒸したあと、揉まずに乾燥させたもの。これを茶臼で挽いて抹茶とする。

闘茶【とうちゃ】
鎌倉時代末期に宋から伝わったとされる茶の産地や種類などを当てる競技。南北朝時代から室町時代中頃に武家、公家、僧侶の間で流行した。

（な）

軟水【なんすい】
日本では硬度が１００以下の水を指す。日本の水道水は軟水で、一般的には茶を淹れるには軟水がよいとされている。

二番茶【にばんちゃ】
一番茶のあと、その年の2回目に摘んだお茶のこと。一番茶のおよそ50日後に摘むことができる。一番茶よりもカテキンが多く含まれるため、渋味が強くなる。

は

焙煎【ばいせん】
ほうじ茶に用いられる方法。高温で炒ることで独特の香ばしさが出る。

発酵【はっこう】
一般には、有機物が微生物によって分解されること。茶の場合は、酸化酵素が働き、葉の中のカテキン類が酸化されること。紅茶は完全発酵させてつくられるが、日本茶のほとんどは不発酵茶（緑茶）。

晩生品種【ばんせいひんしゅ】
茶摘みの時期が遅い品種。主に「おくひかり」や「おくみどり」など。晩生（おくて）とも読む。

火入れ【ひいれ】
荒茶を商品化する仕上げ工程で、加熱乾燥させ香味を発揚させること。

火香【ひか】
茶の乾燥、または火入れの温度が高い場合に生じた茶の香気。

被覆栽培【ひふくさいばい】
茶園に種々の資材で覆いをかけ、日光を遮って栽培する方法。

焙炉【ほいろ】
手揉み製茶で使用する製茶用器具。箱状で、炭などの熱源を入れる。上に助炭（じょたん）という和紙を張った枠をのせ、その上で茶を揉んでいく。

防霜ファン【ぼうそうふぁん】
茶を霜の被害から防ぐために置かれる送風機。

ま

明恵【みょうえ】
高山寺を開いた僧侶。1173年に現在の和歌山県で生まれる。栄西から譲り受けた茶の種を京都の栂尾山で栽培し、これが宇治茶につながったとされる。

銘茶【めいちゃ】
品質がよく、特別に名をつけたお茶。品評会で賞をとったものや、有名な茶産地のお茶を指すこともあるが、広い意味でよいお茶を指して使うことも多い。

や

やぶきた【やぶきた】
煎茶としての品質にすぐれ、霜に強く、安定した生産量がのぞめることから全国的に栽培されている品種。1908年に、静岡県安倍郡有度村（現在の静岡市中吉田）の杉山彦三郎が発見した。

山茶【やまちゃ】
野生もしくは半野生化している茶の木。主に九州、四国、近畿の山中でみられる。

栄西【ようさい】
臨済宗の開祖。1141年に現在の岡山県で生まれ、1168年と1187年の2度、宋に渡る。1191年に帰国し、宋の喫茶の文化とお茶の栽培法を日本に広めた。著書に『喫茶養生記』がある。

わ

若芽【わかめ】
若い時期のやわらかい新芽のこと。「みる芽」ともいう。「みるい」とは、静岡県の方言でやわらかいという意味。

早生品種【わせひんしゅ】
標準的な時期よりも茶摘みの時期が早い品種。「さえみどり」や「ゆたかみどり」などが代表的。

CHA INDEX
茶種別索引

日本茶アドバイザー（初級）

日本茶に高い関心を持ち、日本茶全般について初級レベルの知識を有する者です。主な活動内容は、店頭での消費者への助言、日本茶関連のイベントの案内役、日本茶教室でのアシスタントなど。

- 試験時期：毎年11月上旬
- 受験資格：①18歳以上　②日本茶インストラクター協会が実施する「Web講習」の視聴
- 受験料：15,000円＋税
- 試験地：札幌、東京、静岡、名古屋、京都、福岡、鹿児島ほか（予定）

日本茶資格情報

日本茶の文化を広めるため、NPO法人日本茶インストラクター協会では、さまざまな資格試験を主催している。その概要を紹介しよう。

資格取得までの流れ

日本茶インストラクター（中級）

日本茶に高い関心を持ち、日本茶全般について中級レベルの知識と技能を有する者です。主な活動は、日本茶教室の開催、日本茶カフェのプロデュース、カルチャースクールなど各種講師、日本茶アドバイザーの育成などです。

- 試験時期：第一次試験／11月上旬
  第二次試験／翌年2月上旬
- 受験資格：20歳以上
- 受験料：20,000円＋税
- 試験地：札幌、東京、静岡、名古屋、京都、福岡、鹿児島ほか（予定）

資格取得までの流れ

受験申し込み → 筆記試験 → 合格 → 実技試験（合格者のみ） → 最終合格 → 日本茶インストラクター認定

日本茶検定（1～3級）

日本茶の知識を学び、その魅力や奥深さが学べる資格。日本茶の種類や、淹れ方、歴史や日本茶の製造工程、健康効果にいたるまで、日本茶に関するあらゆる知識が身につけられる。インターネットで気軽に受検できるのもうれしい。

- 試験時期：2月、6月、10月
- 受検資格：誰でも受検できる
- 受検料：3,000円+税
- 受検方法：インターネットで受検

公式テキスト

『改訂版 日本茶のすべてがわかる本』

日本茶の歴史から淹れ方、流通にいたるまで、日本茶の情報が網羅された一冊。これから日本茶を勉強したい人におすすめ。

合格証

1級（90点以上）

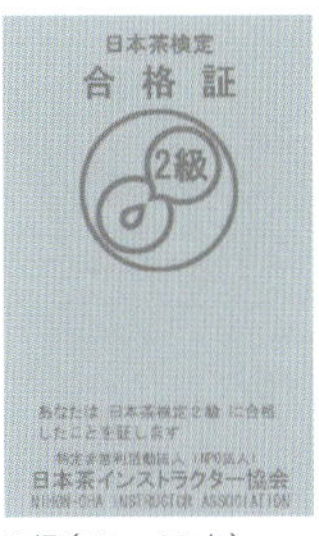

2級（75～89点）

3級（60～74点）

申し込み方法

1. **申し込み** 日本茶検定専用フォームへアクセスする
2. **振込み** 郵便振替又はゆうちょ銀行から受検料を振込む
3. **ID・パスワード発行** 受検料の入金が確認されたら、IDとパスワードを発行
4. **受検** ホームページにアクセスして、試験を受ける

info

日本茶インストラクター協会

日本茶の普及活動や歴史を継承するために設立された特定非営利法人（NPO）。日本茶インストラクター・アドバイザー等の試験実施と認定、日本茶に関する通信教育の実施や日本茶文化啓発のためのセミナー・イベントの開催など、幅広く日本茶の普及にかかわる。

NPO法人日本茶インストラクター協会
住所 東京都港区東新橋2-8-5
TEL 03-3431-6637
URL https://www.nihoncha-inst.com/

＜監修＞
公益社団法人日本茶業中央会
全国のお茶の生産者団体や流通業者団体などを中心に組織された公益社団法人。安全で良質な日本茶の普及と茶文化の発展を目的に、1884年に設立。茶の統計資料の作成と公開、各種茶品評会の後援、全国お茶まつりの共催など、茶全般について相談・助言を行っている。
https://www.nihon-cha.or.jp/

NPO法人日本茶インストラクター協会
日本茶の普及と日本茶文化の継承・発展のため、2002年に設立されたNPO法人。日本茶インストラクター・アドバイザーの育成、日本茶検定を主催している。
https://www.nihoncha-inst.com/

＜技術指導＞
竹内ひさ代
日本茶インストラクター(認定番号01-0073)、茶審査技術6段、日本茶鑑定士、日本茶販売アドバイザー。東京都日暮里のお茶屋・若葉園の3代目店主。そのほか、雑誌や各種イベントやセミナーの講師として活躍する。

＜STAFF＞
写真／株式会社office北北西
(広瀬壮太郎、村田彩香)
スタイリング／二野宮友紀子
イラスト／根岸美帆
デザイン／株式会社ニルソンデザイン事務所
(望月昭秀、境田真奈美)
撮影協力／田岡あい子
執筆協力／伊藤睦
編集／株式会社スリーシーズン
企画／吉田七美、成田晴香(株式会社マイナビ出版)

定価はカバーに記載しております。
©3season Co.,Ltd. 2017
ISBN978-4-8399-6354-5 C2077
Printed in Japan

新版 日本茶の図鑑

2017年7月25日　初版第1刷発行
2024年5月15日　初版第10刷発行

監修　公益社団法人日本茶業中央会
　　　NPO法人日本茶インストラクター協会
発行者　角竹輝紀
発行所　株式会社マイナビ出版
〒101-0003 東京都千代田区一ツ橋2-6-3 一ツ橋ビル2F
TEL：0480-38-6872(注文専用ダイヤル)
TEL：03-3556-2731(販売部)
TEL：03-3556-2736(編集部)
E-mail：pc-books@mynavi.jp
URL：https://book.mynavi.jp

印刷・製本　図書印刷株式会社

新版化にあたって
- 本書は2014年6月刊行の『日本茶の図鑑』を底本として、情報の修正を行ったものです。
- 扱っているお茶の種類、お茶に関する情報などは『日本茶の図鑑』と同じです。
- 本書の一部または全部について個人で使用するほかは、著作権上、著作権者および(株)マイナビ出版の承諾を得ずに無断で複写、複製することは禁じられております。
- 本書についてご質問等ございましたら、上記メールアドレスにお問い合わせください。インターネット環境がない方は、往復はがきまたは返信用切手、返信用封筒を同封の上、(株)マイナビ出版編集第2部書籍編集課までお送りください。
- 乱丁・落丁についてのお問い合わせは、TEL：0480-38-6872(注文専用ダイヤル)、電子メール：sas@mynavi.jpまでお願いいたします。
- 本書の記載は2014年4月および2017年7月追加の情報に基づいております。そのためお客さまがご利用されるときには、情報や価格等が変更されている場合もあります。
- 本書中の会社名、商品名は、該当する会社の商標または登録商標です。

撮影協力
山一加藤商店　TEL：03-3845-5321　E-mail：yamaichikatou@gol.com
作家作品からお買い得商品まで、幅広く茶器を扱う急須問屋。P.123で掲載した急須は、函館の若手急須作家の白岩大祐氏の作品。

写真協力
朝日園製茶工場、泉園銘茶本舗、出浦園、近江製茶、大豊町碁石茶協同組合、奥茶業組合、小山園茶舗、陣構茶生産組合、鈴木長十商店、諏訪園、立石園、茶来未、つちや農園、特香園、友野園、冨士美園、星野製茶園、まるわ茶園、JAしみずアンテナショップきらり、宇治商工会議所、嬉野市役所、金谷茶業研究拠点、ごかせ観光協会、白浜町役場、都留市観光協会、仁淀川町町役場、農業技術センター茶業試験場

参考図書
『茶の科学用語辞典(第2版)』日本茶業技術協会
『日本茶検定公式テキスト 日本茶のすべてがわかる本』日本茶検定委員会・監修/NPO法人日本茶インストラクター協会・企画編集(農山漁村文化協会)
『平成25年版 茶関係資料』公益社団法人日本茶業中央会